你离幸福有多远

适用于个人、职业和家庭成功的永恒的准则

吉姆·克莱默 ◎ 著

王 娟 ◎ 译

Growing
The Distance

地震出版社

图书在版编目（CIP）数据

你离幸福有多远／（加）克莱默著；王娟译．—北京：地震出版社，2012.4
书名原文：Growing the Distance：Timeless Principles for Presonal，Career and Family
ISBN 978-7-5028-3993-2

Ⅰ．①你… Ⅱ．①克…②王… Ⅲ．①成功心理—通俗读物
Ⅳ．①B848.4-49

中国版本图书馆 CIP 数据核字（2012）第 013628 号
著作权合同登记　图字：01-2011-6225
地震版　XM2441

你离幸福有多远

［加］吉姆·克莱默　著
王　娟　译

责任编辑：张　平
责任校对：孔景宽

出版发行：**地震出版社**

北京民族学院南路 9 号　　　　邮编：100081
发行部：68423031　68467993　传真：88421706
门市部：68467991　　　　　　传真：68467991
总编室：68462709　68721982　传真：68455221
http://www.dzpress.com.cn
E-mail：seis@mailbox.rol.cn.net

经销：全国各地新华书店
印刷：九洲财鑫印刷有限公司

版（印）次：2012 年 4 月第一版　2012 年 4 月第一次印刷
开本：787×1092　1/16
字数：174 千字
印张：15
书号：ISBN 978-7-5028-3993-2／B（4665）
定价：29.80 元

版权所有　翻印必究
（图书出现印装问题，本社负责调换）

你离幸福有多远：适用于个人、职业和家庭成功的永恒的准则
2005年吉姆·克莱默（Jim Clemmer）版权所有

版权所有，任何形式或者任何方式的再版、传播，通过电子、机械、录像或者别的途径，或者存储于检索系统中，使用该书的任何部分，没有出版者的在先同意，都是违反版权的行为。对于影印或者复印，必须在影音或者复印之前从加拿大复印集体处获得许可证。

TCG出版社出版，克莱默集团有限责任公司的版权页

设计、编辑和出版：	马修斯通讯设计责任有限公司
总编辑：	皮特·马修斯（PETER MATTHEWS）
资深设计师：	伊莱恩·汤普森（ELAINE THOMPSON）
索引：	巴巴拉·舍恩（BARBARA SCHON）

国会图书馆数据：2005905643
ISBN 10: 0-9684675-3-9
ISBN 13: 978-0-9684675-3-4
印刷于美国
9 8 7 6 5 4 3 2 1

关于此书

许多人不读关于领导能力和个人发展的书籍（即使他们可能有一些这样的书），因为他们对学术性的、复杂的，或者说教的建议反感。这就是我们决定介绍《你离幸福有多远》的原因，该书以一种新的、独特的、亲切的风格阐述了永恒的成长和领导准则。

在此，你将发现每一章，以及该章中的每一节由"分层的"标题、摘要段以及副标题构造。正文被设置成不同的单元，在几分钟内能读完每个单元。

对于您，读者，这意味着这是一个阅读此书的机会，您完全可以在您的时间或者兴趣允许的情况下，更深入地阅读此书。您可以浏览并只了解基本的准则，或者您可以用您将在《你离幸福有多远》中看到的所有的引用、短故事以及评注来丰富这些知识。

领导能力和个人的成长不是一个按部就班的公式，不是一个直线式的"从这里开始，到那里结束"的过程。它与我们一样独特，《你离幸福有多远》用这种哲学提供了激动人心的指南，每个读者都适应这些指南，并在未来的岁月中将这些指南变为自己的知识。

吉姆·克莱默（Jim Clemmer）传记

吉姆·克莱默，闻名于世界的主题演讲和研习培训师，加拿大最大的培训和咨询公司创始人，多部畅销书的作者，备受欢迎的专栏作家，电台和电视节目的定期嘉宾，滑铁卢大学毕业、组织心理学课程硕士和博士生导师，在加拿大、美国和国际名人名录中排行第六。

近25年来，吉姆·克莱默为很多个国家的公共部门、大学、家族企业和医疗组织举办了数百场客户定制化主题演讲、研习和培训，为大量执行团队提供咨询服务和指导；他拥有专业演讲领域的最高荣誉称号——认证职业讲师（CSP）称号，而全世界15000名讲师只有不到3%获此资格。

《非凡业绩的领导能力》是吉姆·克莱默的第一本著作，它一面世就成为加拿大最畅销的图书，并成功发行到欧洲、日本等国家和地区。他的第二部作品《开足马力：全面质量与服务改进》畅销于美国和加拿大，销售量超过100000册。他的其他作品，如《业绩道路：你自己、你的团队和组织转型的指南》《你离幸福有多远：适用于个人、职业和家庭成功的永恒准则》《领导者文摘：团队和组织成功的永恒原则》《不断增加的变化速度：你的行动激情如何通过不断变化来指导和领导自己》等，销量都非常了不起，并被译成多种语言。

　　吉姆根据自身实践经验，采用他主张的改善和有效原则，与他人一起创建了加拿大最大的培训和咨询公司——众志集团，而现在这家公司已经成为智越咨询公司（Achieve Global）的一部分。

致谢

> 我不是教师,只是一个你可以问路的旅伴。
> 我指向前方——在你的前方,也在我的前方。
>
> ——乔治·萧伯纳

许多人对此书、对我的生活,或者对我管理的公司做出了许多直接的贡献,我从这当中汲取了许多经验。一些人之所以不信任或者不承认别人,是因为他们害怕失去某人。我抓住了机会,因此我能够对帮助我的人表示衷心的感谢,这些人在我即将开始的人生旅途中提供了很多的帮助。

我将此书的大部分和我生命过去的 25 年的大部分时间归功于希瑟——我珍贵的生活伙伴和事业伙伴。感谢克里斯、詹和瓦内萨,是他们耐心地容忍我的"爸爸式的笑话"和我紧闭的书房。

我要向马克·亨德森和德里克·门德姆致敬,他们是迄今为止,使克莱默集团朝着令人兴奋的前景发展的重要高级管理人员,是他们使令人兴奋的未来即将到来。我要感谢朱莉·吉尔,我们的"数字主人",没有她高效以及"我会弄清楚"的态度,都不会使我们的虚拟组织和一流的数字梦想成为现实。还要感谢欧文·格里菲思几十年的友情,以及他对此书和我们许多其他成长计划的支持。再要感谢盖尔·德西诺、默尔·达尔迈基、盖尔·加布、奥菲·吉尔、

丹妮尔·普拉特、帕蒂·沙克特、辛迪·辛德尔、皮特·斯特里克兰、汤姆·塔泽尔、安德鲁·瓦诺伟奇以及数量快速发展的克莱默集团的同事们，感谢他们将我们的思想和观念转化成行动，并为我们的客户提供最优良的价值观。

非常感谢戴夫·奇尔顿多年的友情和鼓励，感谢他对这一令人兴奋的计划的宝贵指导和他做出的杰出榜样。同时感激马修斯通讯设计的皮特·马修斯和伊莱恩·汤普森为计划此书的编辑和设计做出的努力，以及将我的"浏览者的领悟"的模糊概念融汇到生活中。

感谢许多已经为我和他人开辟了道路的作家、研究者、智者、演讲者和领导者，这样的开辟者不胜枚举。我曾朝着这样的道路走下去，并愿成为一个开辟者。

引　言

3岁的小玲刚穿好衣服,准备出门,这时她爸爸叫住了她:"等一会儿,你把鞋子穿反了。"小玲低头看了一下她的脚,回头认真地看着她爸爸,说:"但是爸爸,这是我拥有的唯一的一双脚。"

这是我们拥有的唯一一次生命。现在,是好好利用它的时候了。

我们不能改变我们的过去,但是我们能够改变我们的未来。我们不能控制别人,但是我们能够控制我们自己。我们能够通过改变我们自己,迎接当今快速变化的世界的挑战。我们能够从我们现在所在的地方,前进到我们将来想去的地方。我们能马上采取行动,开始成长的旅程。

不管我们在社会或工作中的地位如何,这个成长的过程都涉及到发挥我们每个人都拥有的领导特质的方方面面,因为我们怎样改变和控制我们自己,将决定我们对别人的影响。这就是真正的领导能力,也是这本书帮助您培养特质的目的。

让你自己成长

"所有书面的或者口头的演讲,在其找到乐意的以及期望的听众之前,都是死的语言。"

——罗伯特·路易斯·斯蒂文森,
《对人生的深思和评论》

我为我们找到了彼此感到高兴。本书为成长中的探求者而写,这些探求者一直渴望变得更加优秀。您显然是我们中的一员,否则您不会阅读此书。

从20世纪70年代初开始,我一直研究、利用和帮助别人使用个人、团队以及组织发展领域的关键领导原则。在那段时间里,我看到许多人,和那些用我们探求的领导原则改善了其家庭、团队、社团或者组织的人一样,显著地改善了自己的生活。

这些领导者发展了个人使命,帮助别人理解并运用这些生活变化的领导方法。

许多这样的"传教士"发现,那些需要最大发展的人,往往是最少意识到它的人。他们的无意识使自己未察觉到。他们不去寻求,因此他们没有发现。

在克莱默集团——我的发展和咨询公司中,我们总是被我们的发展材料、工作坊、辅导或者报告的感受性的巨大差异吸引，对一些人而言，这种差异是一种生活变化，对于另外一些人而言，它极其乏味。由于传达的信息完全相同，因此主要区别就在于受众接受的乐意程度。我希望我们的信息和您的意愿在后续章节中能融合起来。

只是为了消遣

"在所有的日子里,没有笑的日子无疑是被浪费了的日子。"

——《格言和深思》

这里有一段摘自我公司愿景宣言的摘录,该摘录阐明了我试图在整本书中使用的写作风格:

我们正在享受我们的生活。我们的会议和交流充满了幽默和乐趣。我们整体健康的重要衡量标准是我们的笑声指数,这种笑声是高兴的。我们不会遭受"笑话滞后。"我们树立了一种"专业的无忧无虑"的形象。我们用大量的幽默和人性保持了一种专业的形象。我们认真地对待我们的——但不是我们自己的目的、梦想和价值观。

所有的这些都意味着您将接触我自己独特的幽默感。三个青少年和青少年前期的孩子(克里斯、詹和瓦内萨)认为本书应该用鲜红色的警告标记符号标记该摘录。一天晚上就餐时,我称赞了一段我认为非常有趣的评论。克里斯转动眼珠,望向天花板,说:"爸爸,我希望您不要对您的读者使用这种幽默,如果您这样做,"他继续说,"我真的担心我们的未来。"瓦内萨给我拿来一张圣诞贺卡,上面写着:"爸爸,一直以来,您为我做了这么多,因此我会在您的圣诞礼物上花很大的心思。"坐在里面的那个继续说："对，我会嘲笑您的一个笑话。"

　　一本发展书籍像一对公牛的角很容易——一个指向这里，一个指向那里，中间许多教条。为了保持我的观点鲜明，以及使您不喜欢的地方最少，我将尽我最大的努力。

我引用……

> "拯救许多平庸的一切智慧是什么?用当下五句有名的谚语来说——它们如此陈腐,如此乏味,以至于我们难以启齿。但是它们体现了竞争的浓缩经验,而根据它们的教诲安排自己生活的人绝不会离经叛道。"
>
> ——诺曼·道格拉斯,《南风》

很久以来我一直是名言的收集者。我坚定地同意本杰明·迪斯雷利的观点:"博学和成熟的经验通过名言永存。"此书试图归纳大的研究领域,并使几个世纪的领导智慧变得简单明了。

有深刻见解或者幽默感的名言(两者均有的是我的最爱)能够马上提供"啊哈图片",这种图片相当于千言万语。在其他情况下,我会引用书籍或者研究中流行的名言,以强化章节中的观点。如果我自己不能更好地说明该观点,我不会让您看完本文来证明我的观点。

给我讲一个故事

　　人类是杰出的故事家。在人类生命史的发展过程中,人类对目的、动因、理想、使命以及喜好的寻求在很大程度上是一种对故事情节和模式的追求。

——埃里克·霍夫,《激昂的心理状态》

　　从我们的祖先第一次聚集在篝火周围开始,我们就通过故事交际。人类每年制作的数量惊人的电影、撰写的不计其数的小说书籍,证明我们仍然有多喜爱听到好故事。我引入或创作了寓言、实例以及故事,贯穿于《你离幸福有多远》,目的是使人愉快,希望您喜欢。同时,每一节中的每个故事阐明了一个永恒的准则,我希望这些内容可以引导您思考。

行动在哪里

领导者的秘诀在于他已经面对了贯穿于他整个生命过程的考验,以及他在迎接这些考验的时候养成的行动习惯。

——盖尔·希伊,美国记者和作家

成果来源于我们做了什么,而不只是来源于我们知道什么。您以前已经听说了此书中的一些观点。天空不能分成几部分。我们了解的比我们做的多得多。我们理解,但是我们很少去做。因为重点不是懂得,而是尝试着做。成功人士就是做那些较少成功的人(即使他们理解得更透彻)不愿意做的事情。请您利用此书来反省并思考,然后行动吧。

作为个人发展演讲者,齐格·齐格勒提出,用你的时间给你自己做一个"全身检查",思考你的行动。对领导能力而言,知识不是力量,只有实用的知识才是力量。

吉姆·克莱默

目 录
contents

第 一 章　控制 / 1

第 二 章　我的核心 / 19

第 三 章　如果是那样，也要由我决定 / 47

第 四 章　现实一点 / 73

第 五 章　在生活体验之上 / 99

第 六 章　真心诚意 / 125

第 七 章　从人生阶段到人生之路 / 151

第 八 章　在运动中投入激情 / 179

后　　记　行动起来 / 207

第一章

控制

在家或者工作场所,变化是生活中不可避免的事。我们怎样选择回应变化——作为领导者或者追随者——决定着我们个性和职业的发展。

领导者之路

"万事万物都在变化,没有什么是停止的……
也不存在永恒的东西。
所有事物都在向前运动,都有着变化的本性。
岁月本身也是以固定的速度在时间的长河中悠然流过。"

——奥维德,罗马诗人(前43~前17)

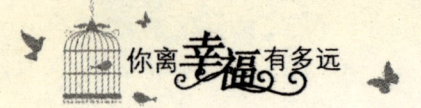

变化总是时时刻刻在发生着的。当我们不能控制我们周围的世界是如何变化的时候，起码我们可以控制我们自己如何应对这些变化。

我们可以选择迎接和拥抱这些变化，也可以选择拒绝这些变化。但拒绝变化就好像是让水往高处流。总之，我们很容易就能发现那些拒绝变化的人，但是对于我们自己拒绝变化的行为，我们就很难看清或拒绝承认了。

渴望稳定和预见性也算是我们拒绝变化的一种方式。稳定就是一切事情都安排妥当。这样我们身上就不太可能会发生新变化了，也意味着没有成长、没有发展、没有让人兴奋的新收获。可以说，没有痛苦就没有收获。预见性和稳定性是什么呢？它实际是对生命的否定。它意味着周围世界变化越快，你越想要否定这些变化，孰不知，你就越有可能反受其害。

我们看不到世界的全貌，我们只是看到我们现在能看到的样子。如果我们是一个不求改变只图稳定的人，我们只想要保持现状，那么大多数改变对我们来说都是一种威胁。如果我们总是寻找新的挑战和机会去获得成长，那么大多数改变就会是一种机会。

有的人把改变看做是进步，并且因为变化带来的进步而感到喜悦。而有的人诅咒这些改变，总是想要回到旧日的时光度日。同样的改变，异样的态度，会有不一样的结果。

决定在我们手中：我们可以成为领导者，也可以成为追随者。

第一章 控制

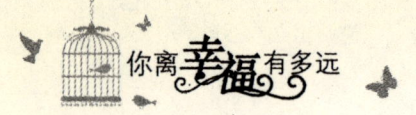

清晰的选择

世界上有两种人：一种人与时俱进，求新求变；一种人墨守成规，坐以待毙。

要么改变，要么被改变

"在一个人的生命中的每个时刻，他要么选择向前一步迎来成长，要么选择向后一步退缩。一个人总是要么活得重于泰山，要么死得轻于鸿毛。"

——诺曼·梅勒

乔治在 53 岁时第一次心脏病发作。他抽了 40 年的烟，他的体重严重超标，饮食结构中脂肪含量极高，并且他还缺乏排解压力的能力。这次的警告对他打击很大，他立即加入了一个"戒烟教育活动"。于是，乔治和他的妻子知道了健康饮食的概念，并对饮食结构进行了改进。在几个月后，他已经不再是大胃王了，他变得更加乐观，全身充满了活力。

但是慢慢地，当他最大的梦魇渐渐消散，他又开始抽烟了。一开始是一两支，后来整天烟雾缭绕。他的餐前零食也换成了高脂肪含量的食物。随着他的健康状况的恶化，他的脾气也变得越来越糟糕，他需要更多的香烟和食物才能让自己高兴起来。然而在他59岁的时候，由于他的嗜烟如命和生活的无律，使他得了心脏病。

那一年的圣诞节，家人们和乔治坐在一起讨论，希望他改掉那些坏习惯。他们恳求他重新回到之前那种更健康一点的生活中去。乔治根本听不进去，他对自己的不良生活习惯和抽烟等事情进行辩解，他说："如果我不能按我想要的方式活着，那么活着还有什么意思。" 3个月后，他的心脏病严重发作。乔治死了。

他选择了不改变，所以他只好被改变。

有的变化像是一次突然的危机，出现得让人猝不及防。一次事故、暴力行为、死亡或自然灾害都会突然从半路跳出来给我们当头一棒，我们却根本没料到会遭此一劫（我们也觉得自己命不该如此）。但是大多数危机时刻来之前都会向我们发出警告——如果我们选择正视这些问题，那我们就能感受到这些警告。

一个制造厂的生产工人在失业之后说，4年前他就"看到墙上的写字板"了，当时公司制定了灵活的生产测试方案，试验怎样在别的工作中自动化地进行电路板组装任务。

在那段时间里，这个生产工人做了什么呢？诅咒、恳求并组织他的同事谴责多么不公平吗？当"写字板在墙上"的时候，他尝试了提升他的技能吗？他休息并等待了4年，这决定了他的命运。他选择不改变，因此他被改变了。

在我们可能帮助创造或者被允许继续的一系列活动中，许多"突如其来的变化"确实是下一个大事件。这些变化可能产生于我们没有改变我们的习惯、生活方式、成长模式或者技能当中。除非变化的危机确实杀害了我们（通常情况下只是感觉它将杀害我们），否

第一章 控制

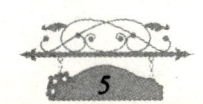

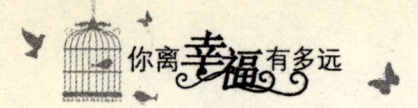

则它是我们改变的机会,是选择新途径的时机。

但是应对这些变化,要抉择是非常难的。有时我们像一个上了发条的旧怀表:必须被使劲摇晃才工作。然而,当我们选择较少行走的路时,我们将在几年后反思,并说:这些突如其来的变化只不过是一个重要的转折点,是发生在我们身上的最好的事情之一,它能使我们成熟和坚强。

变化的反应对组织也同样重要。当今世界有两种组织:正在改变的组织以及正在关闭的组织。谁适应改变,求新求变,谁就发展;新抵触改变,谁对改变漠视,谁就灭亡。

同样地,对我们也是如是:正在改变或置身于变化着的,则会随着世界在不断前进;如果我们保持现状,如果我们没有成长,那么我们必将落后。

以变化的速度成长

> "人类最严格的法则是什么？生长。我们道德、心智或身体构造的任何一个极微小细胞都不可能保持一生不变。它会生长——也必须生长，什么都阻止不了它。"
>
> ——马克·吐温

如果外部变化的速度超过了内心成长的速度，我们最终将被改变。与《圣诞圣歌》中拜访埃比尼泽·斯克鲁奇的第三个幽灵相似，也如所料的一样，"危机幽灵还未到来"。如果我是一个没有养成个人成长和不断发展习惯的、停滞不前的人，那么我可能变得刻板，"突如其来的"变化将出其不意地捉住我。

我们想要成长。当我们没有成长的时候，我们寻求消遣来填补我们的空虚，如果不是为了获利，这样的消遣有些是无害的，而除此之外的消遣是毁灭性的。

我们要为不断的变化做好准备。为变化做准备就如同为期末考试做准备一样。我们很早就知道变化将会到来，有了充足的准备和日常的积累，我们就会临危不乱。

查尔斯·达尔文是19世纪英国自然科学家，他用基于"自然选择"的进化论彻底变革了生物学研究。他最著名的研究成果包括《物种起源》和《人类的由来》。他的一个重要的研究发现是"并非

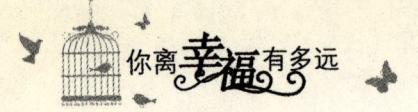

最强大、或最聪明的物种可以生存下来，而是最能适应变化的物种可以生存下来"。

　　个人的学习和成长或组织的建设和进步是适应快速变化环境的关键能力。那么问题关键是，我们内心成长的速度是否超过了外部变化的速度呢？

胜利之路

无论是在家庭，还是在组织中，具有领导者能力的，都是根据其行动而不是其地位决定的。

领导能力是什么？

"对于我们已经发现的和重新发现的东西而言，领导能力不是少数有感召力的男人和女人的私人储藏。它是普通人区别于他人，并脱颖而出时使用的方法。每个人都会释放出领导力，都会做出非比寻常的事情。"

——詹姆士·M·库泽斯以及巴里·Z·波斯纳，
《领导能力挑战：怎样在组织中确保完成非凡的事情》

领导它不是一个名词，而是一个动词；领导它不是一种地位，而是一种行动；领导不光是要发挥作用，而是更要身体力行。"领导"中确有一些人是优秀的领导者角色，但是诸如老板、管理人员、负责人等也能指手画脚的"领导者"太多了。相反，许多没有正式领导角色的人却是优秀的领导者。在当今快速变化的世界中，我们所有人都要成为领导、成为干事儿的领导。

领导是走在前面引路；领导是引导或指示行动路线；领导是影响别人的行为或者观点。无论我们的正式头衔或角色如何，我们都

要成为领导,从内心的自我领导开始,向外转移到影响、引导、支持并领导别人。成为领导的过程与成为高效率的人的过程一样。领导能力的发展终归是个人的发展;领导能力的最终表现要在做的事情中显露出来。

这是一本关于领导能力的书籍。但本书的目标不只是那些具有经理、管理者、主管及诸如此类的角色和头衔的人,本书的目标是将我们的所有人都发展成领导者,让他们成为家庭、团体、社交圈子或者组织中不可或缺的关键和领头羊。

世界越变化，领导原则越保持不变

"没有什么新的真理，只有人们不经意地感觉到但没有认识到的真理。正如人们所说，真理是每个人都能理解并已经理解的东西。"

——玛丽·麦卡锡，作家和评论家

我坐在"电子化住宅"的办公室（书房）里写下了这些句子。我喜爱我们的家，其原因是它横跨了过去和未来。我们房子的前面是一条独特的郊外街道，这个街道是错层式房屋、平房和两层住宅的混合体。

我们的房子安上了宽带，用于我们的商务活动（当孩子们高兴的时候，只用做娱乐）。孩子地下室中的个人计算机和打印机与我的笔记本电脑、打印机以及第三层中别的主要办公电脑连网了。我们有6根电话线，这样我们可以通过电话、传真、电子邮件和英特网接入，来服务管理克莱默集团。

从我的办公室（书房）能看到我们后花园中的园林植物，横穿一条河谷，到达"先锋塔"，先锋塔是近200年之前该区域首批移民遗址的标记。这些移民中有我自己的祖先，他们砍伐了森林，破开了土壤，建立了第一个农场。现在马儿仍然在山坡上奔跑，山坡从河岸边的塔延伸到了农场院子边。

但是事物越变化，他们越保持不变。这些移民是强大的领导者。

第一章 控制

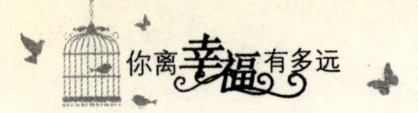

几个世纪以前，激励和引导他们生活的原则正与今天有关。他们勇敢地面对艰难的选择，他们用他们的价值观生活，他们经营着他们的梦想，他们学习并适应环境，他们动员别人建立强大的团体，他们执著地面对许多令人伤心的灾难，他们将他们的生活投入到伟大的事业中。

他们成功和失败的原因是相同的，这些原因影响了我们现在。现在，工具改变了，我们的社会被用另一种方式组织了。但是当今的工具和社会决定人类成功的习惯和特征没有改变，我们确实改变了我们的组织系统、技术以及工作种类，但是人终归是人，引导我们行为的人的要素是始终如一的。

领导原则是永恒的，无论我们在社会或组织中扮演什么角色，这些原则都适用于我们所有人。本书恰好涉及到那些个人和通用的领导原则。

生存模式

从人类的中心，我们在个人发展的六个关键领域里成长。

彻底

"世界无疑不能通过理论被很好地了解，绝对需要实践；但是在前往那个布满了迷宫、曲折和岔路的地区之前，拥有至少一张由有经验的旅行者制作的该地区的总图，对年轻人无疑有巨大的作用。"

——洛德·切斯特菲尔德，英国政治家，
《切斯特菲尔德伯爵给他儿子的信》

如果我们遵循一连串简单的步骤就能全部成为领导者，岂不是很容易？但是个人成长的旅程才能找到我们自己的路，这是什么？是领导的关键。生活与我们成长和丰富我们生活的过程一样，都不是单纯的。在经历了多年实践和领导能力提升之后，你才能总结出以下领导模型的原因。

我们决定用辐射状形式阐述领导能力的关键原因。其中一个原因是成长过程居于轮毂的中心（"我的核心"），并通过各种不同的途径或者"辐条"向外运转。另一个原因是没有哪种途径本身比别的途径更加重要，每一条途径都依赖别的途径使整体完善。

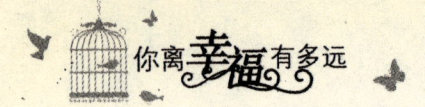

领导"轮子"由轮毂和辐条组成，是环形的，它没有起点或终点，它完全始于自我发现和连续的高效运转。

我们每个人成长的途径（或者领导范围）或成长的距离都不尽相同，但是只要你的"轮子"始终是转着的，你就会沿着所有途径到达目的地。

正如我农场中的奶牛从来不会停止产奶一样，我们在任何途径中的成长仍未结束。找准并不断发展我们的途径是成为领导者的先决条件。

本书的关键是接下来的七章，每一章均围绕我们领导框架的一个原理来写。《你离幸福有多远》的核心主旨是——强大的领导者是面面俱到的，他们横跨下列关键领域不断扩展他们的个人"领导轮子"。

重点和环境。我的核心：

- 理解的能力。通过理解了什么，预见了什么并摆脱我的"现实成规"，以我的方式理解并对世界做出反应，弄清楚为什么会这样，并体现在我的家人、团队或者组织的环境和文化中。

- 选择的责任。如果是那样，也要由我决定。当帮助别人克服麻痹性的苦难时，懂得生活积累，理解选择比机会更多地决定我的状况。拒绝屈服于极具感染性的"受害者症候群病毒"（"这全是他们的错"以及"没有什么我能做的"）。

- 真实性。变得真实：改变我来改变他们。通过探求内部空间使我变得真实，并为了与我设定的价值和重点一致而收集我个人行为的反馈信息。

- 激情和承诺。汲取生活中的经验：克服冷漠和愤世嫉俗，对我们的事业做出炽烈的承诺，不轻言放弃，相信我们的行为准则，并固守我们的习惯。
- 精神和意义。用我的真心和能力：通过我的真心以及为他们阐明意义和明确目的的领导方法，使他们超越自我，提升做事情的能力。
- 成长和发展。从人生阶段到人生之路：超越稳定性和变更管理停滞。通过培养学习习惯不断地成长，R&R（深思和更新）和实验并积极地学习，使人们成为他们可能成为的人。
- 动员和激励。超越控制动机计划：通过营造高效率的工作环境，提高交际技能，利用成就的力量以及团队建议，获得更深和更持久的活力和动力。

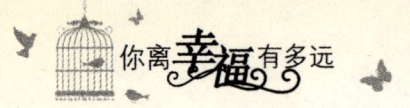

开辟我们自己的领导之路

> 未来不是注定的,而是由我们创造的。通向它的道路不是被发现的,而是被创造的,创造它们的活动改变了创造者和目标。
>
> ——约翰·沙尔,美国社会学家

1985年,当我撰写第一本关于领导《VIP策略》的书时,我发现美国大学图书馆有将近3000篇关于领导的博士论文,可能还有许多相关书籍。现在,则可能会有两倍或者3倍于那个数量的论文。

这类论文或者书籍为什么这么多?一个主要原因是,对于所有不同的领导模式、准则、建议等,当我们谈及领导的时候,我们是在谈论生存方式,而没有从更深层次去挖掘作为合作者的潜质。这个世界上有几十亿人,有数以亿计的生存方式。但是要想接近和实现合作者的梦想,就要开辟属于自己的领导之路。

在我的经历中,看到许多想用"实际想法"和具体步骤提升领导技能的人,他们实际上在指望别人给他们答案,他们寄希望于魔法或者快速简便的程序,而不是靠自己的努力做事。

要知道,领导首先是生存方式,它在我们怎样做事情中体现出来。要成为更好的人,没有公式或者捷径可循。领导途径是个人探索和学习的旅程,而我们能够从别的已经沿着他们自己途径的人那里得到珍贵的旅行建议。领导力是不断追求和开辟我们自己道路的永无止境的过程。

因此，让我们开始开辟自己的道路并追寻目标吧！

第一章 控制

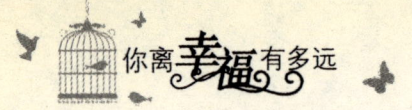

成长要点

- 变化。当今世界有两种组织:正在改变的以及即将消亡的。人同样也有两种:正在改变的以及将自身置于变化的牺牲者地位的人。
- 变化是操纵不了的。如果外部变化的速度超过了我们内心成长的速度,我们最终将被改变。学习以及个人成长是组织或者个人适应快速变化环境的核心能力。
- 领导不是一个名词,而是一个动词;领导不是一种地位,而是一种行动;领导不仅是发挥作用,而是要做实实在在的事情。说到底,领导能力的发展,最终是靠个人的发展。
- 当今的工具改变了,我们的社会被不同地组织了。但是用当今的工具和社会决定人类成功的习惯和特征没有改变,引导我们行为的人的要素是始终如一的,领导原则是永恒的。
- 没有领导公式。领导途径是个人探索和学习的旅程,而我们能够从别的已经沿着他们自己途径的人那里得到珍贵的旅行建议,我们只能开辟我们自己的路,实现最大成就。

第二章

我的核心

我的梦想是什么？我的价值是什么？我生命的目的是什么？这些问题处于我们生活的中心，并给我们提供了——

重点和环境

如果你不知道你是谁，
你怎么能走得很远？
如果你不知道你得到了什么，
你怎么去做你应该做的事情？
如果所有的事情都摆在你的面前，
但是你却不知道该做哪一件，
那么当你做事的时候，
你将拥有的是毫无线索的一团混乱，
如果你懂得什么、哪一个以及谁，
那么所有的、最好的梦想都能实现。

——本杰明·霍夫曼，《维尼之道》

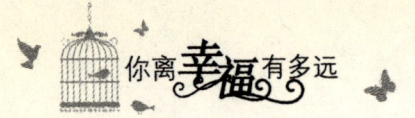

　　一头猪从围栏中走出来，徘徊在乡间公路下面的庄园里，它走到牲畜棚的后面，在一个大泥水坑上高兴地打滚儿，然后它在通向庄园房子附近的肥料堆和垃圾桶边寻找吃喝。由于周围没有人，它便在庭院和庄园悠然地徘徊，嗅着泥土的味道，用鼻子拱翻漂亮的草坪。

　　当它回到围栏时，母鸡们看到它，热切地请求它报告。它们问："透过这个巨宅的窗户，你看到了什么？我们听说有富丽堂皇的房间、挂毯、精美的家具、大师们创作的漂亮的油画以及遍地的金银。"

　　"我没有看到你们说得那些东西，"猪哼哼着说，"我只看到了到处有泥巴、烂树叶、垃圾以及脏土。"

　　我们找到了我们关注的东西。无论我们认为我们的世界充满了富裕和机遇，还是充满了垃圾和绝望，我们都是对的。世界正是如此，因为这是我们要重点关注的，通过关注，我们可以将我们的期望转变成现实。

　　我们的重点与我们生活的环境交融，这种环境是由与我们交往的人、我们的原则和习惯、我们的"现实"感知能力、我们的乐观或者悲观见解决定的，不管我们将变化看做威胁还是看做机遇，我们对我们的选择、我们是谁的感知、我们的真实性、我们的激情和承诺、我们的灵魂的目标、我们的个人成长和发展，以及我们如何激励自己和别人都负有责任。

我们的重点和环境是由三个重要问题体现的：
- 我将去哪里（我想要的将来的愿景或者蓝图）？
- 我相信什么（我的原则或者价值）？
- 我为什么存在（我的目标或者使命）？

这些问题存在于我们生活的中心，它对我们承担选择、我们的真实性、我们的激情和承诺、我们的灵魂和意义、我们的成长和发展，以及我们激励和动员别人的能力的责任是最重要的，因为它处于我们人类的核心或者轮毂中，我们将重点和环境这一因素标注在领导轮毂的中心（见第13页）里。

梦想是由将来的价值决定的，梦想和价值都来自我们的目标。梦想、价值和目标是互相联系，不可分割的。有时它们像号码锁一样运转，单独地拧并旋转拨号盘很可能是打不开的，但是当它们被组合到一起时，我们就可以轻而易举地把它打开了。

另一种思考我们生活的重点和环境的方式，就如同吸引积极或者消极的人的强大的磁体一样，如同别的自然法则（例如重力）一样，不管我们明白还是不明白，磁体吸引的法则都在当代被实现了。我们不能改变磁体吸引法则，但是我们能够改变磁体，因为如果我们想要改变被我们吸引的东西，我们就需要改变磁体和环绕在我们周围的事物。

审视一下过去的5年，你吸引了你想要吸引的人、环境以及事情吗？如果没有，现在就是你为改变未来5年具有吸引力的时候了。

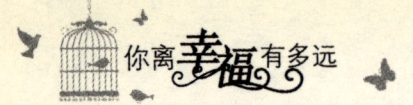

看得到才能得到

只是看到了,而没得到,会使我们陷入自己的"习惯"中。

梦想

"脱离恶劣环境的方法,就是不相信它,不让它变成现实,那么它将不复存在。"

——丹·卡韦基奥,
《沙子上的花园:一个关于寻求答案和发现奇迹的故事》

两种现实的观点

乔尔是一个现实主义者,他以他自己的实事求是和"务实"而自豪。他非常怀疑那些想改变他对世界看法新观点的人,他经常对他的家人或者同事说:"你必须证明给我看,我看到了才会相信。"他认为现在的年轻人懒散、粗心、不值得信赖。

工作中,乔尔经常说一些有关管理者愚行和他们试图将组织迁移的指示的嘲讽笑话。会议上,他是一个"无人不讨厌"的人,他否决大部分的新观点,他轻蔑地厉声说:"你的想法太不实际了,回到现实中吧。"然后他用强烈的语言批判那些观点,"之前从来没有那样做过"或者"他们永远不会支持"或者"你没有活在现实中"或者"不可能"。

德尼丝是一个梦想家，她喜欢探求可能之事以及尝试新的观点。变化是令人兴奋的，因为她将变化看成是一种更新。变化是"清除昨天的污垢和混乱"并"呈现生气"的机会。她的朋友和家人（至少批评较少或者嫉妒心较弱的人）经常说她的孩子如何有教养、负责任及善解人意。这与德尼丝认为现在的年轻人普遍比她自己年轻的时候更加成熟一点的观点是一致的。

生活在这么丰富和令人兴奋的时代，德尼丝感到喜悦。偶尔，她会剪下一则有关研究的报纸新闻，这些研究说明了几十年中，繁荣、健康、生活以及别的社会进步标志是如何不断地得到改善。

工作中，德尼丝不会总是同意经理们的决定，但是她试图理解并支持他们在组织中采用的管理方法。会议上，她是一个为突破性见解试图鼓励团队的理想主义者。当团队由于困难开始抱怨或者感到被压制时，她经常说："我们不要沉湎于过去"、"我们比困难更加强大"、"让我们拓展我们的思想"或者"试想一下如果我们能够……"

谁生活在"真实世界"中？他们两个当然都活在"真实世界"中。

乔尔和德尼丝都在创造着他们自己的现实。他们都能说："看，我告诉过你可能会发生这样或那样的事情。"但是德尼丝是少有的具备超前意识的人之一，是一个领导者，她可以意识到我们在日常生活中认为理所当然的事情曾经是某人丰富想象的产物。当制造飞机、电话、汽车或者计算机的想法第一次被提议时，许多像乔尔一样的

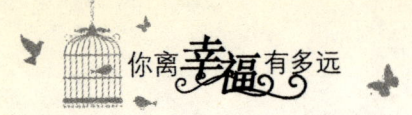

人对其进行嘲讽。他们说这些想法是想入非非的、不可能的、愚蠢的、无用的玩意儿，或者甚至是令人厌恶的东西。而当这些革新被广泛认可了之后，嘲笑者们虽也不置可否，但只简单地将它们视为别的技术的必然延伸。

乔尔就是一个笑柄，他很容易就陷入他的习惯当中。他如此目光短浅，他只通过一个锁孔，用双眼来看世界。乔尔希望没有东西或者很少有东西让他感到失望。他是愤世嫉俗的一类人，如同作家安布罗斯·比尔斯曾经定义为"一介鄙夫——他只有缺陷的视力，只看到他想看的东西，而不是它们应该的样子。"他不能看到超过眼界的未来可能性，因为他的头是低着的，只专注于今天脚下的问题。

研究表明，乔尔生活中的病痛、消沉、人际关系危机、职业停滞、父母的质疑以及能量损耗的可能性比德尼丝要大得多。因为他只是创造着他的视野关注的现实，并用他的价值和目标环境创造着他相信的生活。

梦想的产物

"花时间梦想！在每个创新头脑中，梦想在优雅的飘溢中放飞和摇曳，直到它在持续不断的渴望中渗入灵魂。梦想一直鼓励你"它可能是"。直到你梦醒时刻，它才会释放。"

——佚名

早在20世纪50年代初期，弗洛伦斯·查德威克成为了第一个在英吉利海峡来回游泳的女人，她游了数小时，与英吉利海岸非常接近了，这时海水变得更加冷了，并发生了强涌，浓雾降临下来，用寒冷潮湿的厚雾层将所有的东西挡在视线之外。

就在弗洛伦斯的速度慢下来，并且精力快要耗尽的时候，她的妈妈透过浓雾，在跟随其后的一个小船上喊："弗洛伦斯，加油，你行的，只有一点点远了。"但是她筋疲力尽，不能再前进一步了。当跌坐在小船上的时候，弗洛伦斯感到被击败了，可当她意识到她离目的地有多近的时候，她又感到心都碎了。后来她告诉媒体："我不会找借口，但是我认为如果我看到了我的目的地，我是可以做到的。"在她的下一次尝试中，弗洛伦斯形成了一种强大的英吉利海岸的精神意象，她记住了每个沿海特征并在她的脑海中一遍又一遍地回放这些图像。这一次，她虽然遭遇了与以前一样令人泄气的境况，但是由于她的勇气，她的梦想实现了。

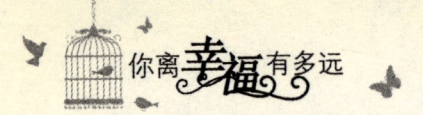

卡尔·希伯特也用梦想达成了他的目的，梦想使他成为第一个在温哥华世界博览会期间用轻量型飞机飞越加拿大的人。这次飞行花了他5年时间来计划和准备，以下是卡尔描述的在其前所未有的成就中，梦想是如何起到关键作用的：

"当世界博览会的看台变得清晰的时候，我对看台上的一切看起来如此熟悉感到震惊……那时的景象吸引了我。我通过想象看到过这个景象许多次。就在看台人群的上空，我拍摄了一张我飞行的照片，在接下来的12个月里，几乎每一天，我都会花几分钟盯着那张照片看，想象着我安全达到世博会的情景，想象着我的胜利到达变成了怀疑和困难之外的众所周知的不能兑现的东西，它是我继续兑现我的承诺需要的动因。"

弗洛伦斯和卡尔的非凡成就，很大一部分来源于他们梦想愿景的巨大作用和能力。

他们不是独一无二的，在过去的几十年中，大量的关于最佳性能、领导、个人效力、变化的能力、世界级运动员的能力，甚或是康复过程，都清楚地表明了梦想在成功中起到的关键作用。

大部分的组织、社会活动、世界纪录、新的产品或者服务，以及非凡的成就都以某人想象的产物作为开始。这些有着一个共同的特点，就是将认识转变为梦想。即使梦想被嘲笑，被告知"变得现实点"的时候，梦想的力量也是不可低估的。

1924年，托马斯·沃森先生负债累累，一天晚上他回到家里，自豪地宣布他奋斗的计算—制表—记录公司现在被称为国际商用机器公司（IBM）了。听到这些话，他10岁的儿子（后来成为IBM成长的关键人物）不屑一顾地说："总站在客厅门口想，就用那么少的装备，还能成大公司？"

与严谨的行动相结合，梦想变成了吸引人、事物以及实现突破所需要的环境的迷人愿景。这个世界像乔尔一样嘲笑地将梦想看做"运气"而忽略它的人大有人在。

愿景这个词来源于拉丁词根，意为"看见"。我们看到的东西依赖于我们所看的地方——我们的关注点。梦想或者愿景是宇宙中最强大的力量之一。如同任何强大的能量一样，我们的愿景能帮助或者伤害我们，因为它们变成了自我实现的预言。

如果我们将自己看成无助的变化的受害者，那么我们就真的会成为受害者了。如果我们的态度是"让前人说去吧，做自己的梦想"，那么我们将得到我们想要的东西。如果我们老是与那种低俗的人打交道而不自我反省，那么我们贫乏的自我形象就不会得到改善。如果我们总视周围的人为小偷、骗子以及白痴，我们将错失他们之中潜伏的圣人。

一个小女孩坐在妈妈旁边的副驾驶上，问："今天那些愚蠢的坏家伙，都跑到哪里去了？"她妈妈回答道："他们只在你爸爸驾驶的时候出来。"

如果我们只看到了我们未来中的挫折、绝境以及职业或者家庭陷阱，那么我们就会陷入这些烦恼之中。一个像乔尔一样多疑的"现实主义者"以这样的哲学观生活："我在看到它时相信它。"一个像德尼丝一样的梦想者利用愿景的力量，并成功凭借生活认知前进："我相信它时就能看到它。"

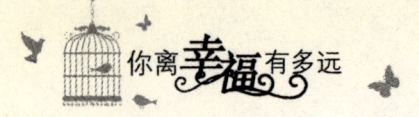

都是我们能看到的

我们的愿景或者想象是关注和引导我们的选择、真实性、激情、灵魂、成长和发展以及能力的中心点。非凡的聋哑作家海伦·凯勒曾经说过:"没有什么比一个人只有视觉,但是没有愿景更加悲剧的了。"

我们不能让愿景的惊人吸引力得不到利用,没有愿景,我们的思想常常将我们拉向我们不能成功的境地。为了实现我们的愿景,我们需要积极自觉地注意我们真正想要的生活,我们要确保我们将来的蓝图是我们喜欢的,而不是将成为现实的害怕、怀疑以及不安的情绪。个人、团队或者组织的发展从"假想工程"开始。

传统上,许多加拿大本地人和美国人已经从青春期开始,将追求梦想作为他们生活之路的一部分。这种追求,通常包括内心发现旅程中一段时期的隔离、禁食以及冥想。追求者的目的是想更深刻地领悟和实现生命的意义。

同样,我们在生活中看到的成功、幸福和和谐,很大程度上依赖于我们的愿景清晰程度。与一次就可完成的事情不一样,愿景的终身寻求已在我们的个人、团队以及组织生活中提供了有效的重点和环境,只看我们是否看到和抓住罢了。

看到我们相信的东西

愿景的清晰程度取决于知道什么是真正重要的。

价值观

"没有客观的现实。我们看不到世界本来的样子，我们只是看到了我们想要看到了的样子。"

——佚名

肖恩正在填写一份大学调查问卷，帮助调查室友之间的协调性。在问题"你每天都整理铺床了吗？"以及"你认为你自己是一个整洁的人吗？"旁边，他勾上了"是"。之后他的妈妈检查了这份问卷。由于知道这些答案根本不是真相，于是她问肖恩为什么撒谎。肖恩反驳道："那您希望我做什么呢？难道要我写我不想与一群笨蛋一起生活！"

我们尊重的东西和我们如何生活之间的代沟能变得非常大，许多人不去尝试着做对的事情，而设法猜别人认为什么是对的。例如，当有人说不是钱的问题，而是原则问题时，这通常就是钱的问题。一个大书店的经理曾经告诉我，他们书店被偷得最多的书是《圣经》。

　　虚伪的人在错误的环境下，用欺骗行为错误地攀爬社会、组织或者晋升的阶梯，他们一直企图为他们的行为辩护，一直找借口或者掩饰他们的错误行为。如同《克朗迪克·安妮》中的梅·韦斯特一样，当在两种罪恶之间选择时，他们选择了他们以前没有尝试的罪恶。

　　虚伪在很大程度上是自欺的一种借口，当我们的行动与我们的言语不一致时，我们就不是真实的自己。

　　真实性的匮乏通常是由没有认识到价值或者信仰造成的，这些价值或者信仰实际上处于我们是谁的核心。当我们没有集中在坚实的核心中时，我们通常将变化视为一种威胁，同时更加难以积累积极的选择。而正是这些选择能使我们对受害者症候群病毒产生抗体，并让我们远离充满遗憾的地方。

　　如果没有一套坚定的核心价值观，那么激情则是无力的，承诺也是柔弱的。我们应当从外向内，而不是从内向外引导我们的生活。作为一个居中的领导者应当为拓展他人的内心空间，提供精神和意义上的支持。

　　当我们的价值观不清晰的时候，我们的精力很容易被分散，这会让激励我们自己变得更加困难，更不用说动员别人了。核心价值观为不断的成长和发展提供了环境，不断的成长和发展引领我们实现我们的梦想。只要我们坚持核心价值观，我们的梦想就能成为现实；只要我们正确地看待世界，这个世界美好的东西也会在我们身上折射出来。

我们内心的自我显露

"为原则而斗争比实践原则要容易。"
————艾尔弗雷德·阿德勒,澳大利亚精神病学专家

我们的核心价值观是通过许多种方式来体现的,其中一种方式是在危机、疾病或者灾难特征的情况下体现。当我们的行动从我们内心深处开始无意识地改变我们时,经常会显露我们的核心价值观。我们所戴的任何面具都会被撕破,暴露出我们的真正面目。

金钱通常是将一个人的核心本质展露给他或者她自己或者别人的有效方式。我们常常会听到某人宣告自己的家庭价值观,但是随后在遗产问题上却谴责他们"所爱的人",这让我们感到惊讶。贪婪是非凡创意合理化的原因。若富有和金钱能买到美好的生活则太让人高兴了,但我们真正想要的,是在我们没有金钱的情况下、我们的心灵是无价的。

心灵启示——我们的自我价值

18世纪苏格兰诗人、歌词作者罗伯特·彭斯站在格里诺克江边,突然一个来自城镇的富商掉进了海港,他不会游泳,很快就被淹没了。一个路过的水手马上跳入危险水域,救了他。当商人回到码头

上,从惊恐中恢复过来的时候,他将手放入口袋,掏出一先令报答水手。人群中有几个人聚集到一起,傲慢大声地嘲笑着,想看给水手微小报酬后的笑话,但是彭斯带着讽刺的微笑叫他们停止喧哗,并说道:"绅士理应是人们自己生命价值中的最好法官。"

心灵启示——平衡工作和家庭

一天早上,一个工作狂丈夫正准备上班,在他出门的时候,他的妻子说:"哈罗德,别忘记了,搬家工人今天会来,下班之后不要回这里。"他回答道:"你认为我是谁,多萝西?你觉得我不能记住吗?"

哈罗德整天却沉浸在没完没了的繁忙琐事中,下班后,他冲回了他的旧房子。

当停在车道上,看到空房子,他突然想起搬家了,惊慌失措。哈罗德在人行道上拦下一个骑自行车的男孩,问:"你认识住在这里的人吗?"

男孩回答说:"我当然认识。"

"你知道她搬到哪里去了吗?"

男孩厌烦地说:"呀,得了吧,先生,人家终究是对的,她告诉我你已经忘记了!"

在《往深处》中,伊恩·珀西写道:"相比家庭关系和配偶质量,我认识的许多商界人士更加关心他们的客户关系和服务质量。"我公司的一个高级管理人员曾经是一个非常成功的公司顾问,这个公司的主管自豪地宣布他们公司在美国所有大公司中的离婚率最高。

许多人接受将离婚当成一种荣誉标志，以证明他们对公司的奉献。

然而这些主管却没有问他们自己一个重要的问题：当公司突然将他们抛弃，或者他们退休时，他们还认为值得以家庭的破碎为代价换取事业的成功吗？这种交易是否真的体现了他们的核心价值观呢？

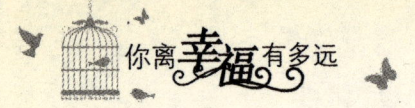

展示我们自己

"关于道德,我只知道所谓道德就是事后你感觉良好的东西,所谓不道德就是事后你觉得不好的东西。"

——欧内斯特·海明威,《死在午后》

詹姆斯·艾伦的诗,是我们的行动如何体现核心价值观的形象描述——

你展示你自己

你通过你寻找的朋友

通过你说话的方式

通过你利用业余时间的方式

通过你让金钱产生的作用

展示你自己

你通过你穿的衣服

通过你在承担的重负中的精神

通过你嘲笑的事物的类型

通过你在唱机中播放的唱片

告诉你是什么样的人

你通过你走路的方式

通过你喜欢谈论的事情

通过你承受挫败的态度

通过想你如何吃之类的如此简单的事情

通过从满书架书中选择的书籍

告诉你是什么样的人

用这些方式以及更多的方式,你展示你自己。

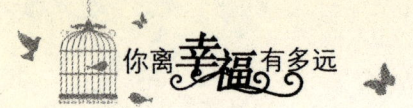

是怎么回事

我们为什么在这里？这个问题反映了我们的价值观，并使我们的愿景集中。

目的

"一个人的全盛时期是难以预料的。女孩子们，当你们长大的时候，你们必须时刻准备察觉全盛时期可能存在于你们生命的任何时刻。你们必须活得充实。"

——缪丽尔·斯帕克，英国小说家，

《吉恩·布劳迪小姐的全盛时期》

三个女人在一次周末旅行回家途中死于车祸，她们的灵魂马上升入天堂，参加新灵魂介绍会，每个灵魂都被问道："当你躺在棺材中，你的朋友和家人对你的死亡感到哀痛时，你想听到他们对你说什么？"

第一个女人说："我想听他们说我是一个伟大的企业家和一个了不起的母亲。"

第二个女人回答："我想听他们说我是一个非常棒的妻子和教师，我对孩子的未来产生了很大的影响。"

最后一个女人说:"我想听他们说……看,她在动!"

发现或者增强我们目的意识的一种有效方法,是在一切都结束的时候,通过我们想要的,能够说明我们生活主张的东西来思考。对多年来我们留下的所有东西而言,这个问题的答案反映了我们的价值观,并使我们的愿景集中。

穆罕默德认为:"从今以后,人类真正的财富是他在世界上为他人做的善事。他死后,人们会说,'他身后留下了什么财产?'但是天使会问,'他生前做了什么善事?'"

每年的圣诞节,我最喜欢的节日仪式之一是看电影《奇妙的生活》,年轻的吉米·斯图尔特主演英雄乔治·贝利。它是20世纪30年代的杰出作品,讲述了一个影响了许多人且非常扣人心弦的故事。多年前,我第一次租了录像机,因为我听说有人为了看这部电影要试图自杀,而且由于这件事情被法官宣判他有罪。

如果你没有看过这部电影,就给你简单介绍一下:这个故事的重点是乔治·贝利——一个梦想离开贝德福德法尔斯小镇,去看世界的年轻人。可是,个人和家庭责任让他留在家里,在这里他变成了一个不情愿的社区领导者。多年后,被个人财政危机挫败到极点的时候,乔治打算跳下桥,这样他的家人就能领取他的人寿保险,没想到克拉伦斯——乔治的守护天使救了他。克拉伦斯回应了乔治的痛苦申诉——如果没有出生会更好,他说对于他的家人、朋友、甚至是那些他曾经接触过其生活但完全陌生的人而言,生活可能更加困苦。

影片真实地反映了乔治的生活,并用逼真的创作方式展现当时社会的情景。乔治高兴地回到了他的现实生活中,他的财政危机也

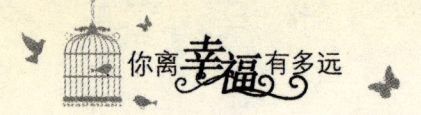

被感恩的朋友和家人解决了。

《奇妙的生活》提出了重要的问题——我填补了什么空白？我接触过谁的生活？我将接触谁？如果我没有在这里，会发生什么不好的事？我想要我生命中的关键人物说我的生命代表什么，或者说我影响了什么？这些关键人物是谁？没有我们，我们的生活会使以前没被别人看见的东西变得可以看见了吗？

目的是我们的重点和环境的第三个重要因素，它与价值观和愿景紧紧地交织在一起，并且与价值观和愿景同等重要。不管是在家庭还是在工作场所，这三个因素同样为我们提供生活的结构和焦点，它将使我们的目的或者使命意识更强烈，我们的精力更旺盛，我们的激情更浓烈，我们的承诺更坚定。

许多人都深刻地研究或者思考过是什么造就了强大的领导者，并且他们都得出了相同的结论，正如本杰明·迪斯雷利所说："通过长时间冥想，我将坚定的信仰带给我自己，一个有明确目的的人必须以没有什么能够阻止的决心实现他的目的，在缪斯女神出现的时候，决心将更加坚定。"

什么是真正重要的

"生命中没有使命的人是最可怜的人。"

——艾伯特·史怀哲

著名的发明家托马斯·爱迪生用了比平时多得多的时间,刚完成一段时间异常繁重的工作。晚餐的时候,他的妻子说:"你工作太努力了,都没有休息,你需要休假。"爱迪生问她:"但是我能去哪儿呢?"她回答道:"想想与世界上任何别的地方相比,你愿意去的地方。"爱迪生想了一会儿,然后说:"对,我明天早上去。"第二天,他回到了他的实验室工作。

杰夫又一次下班回来晚了,他8岁的女儿蒂法尼在门口等他。当他走进房间的时候,蒂法尼问:"爸爸,您一小时挣多少钱?"由于疲倦和压力,杰夫对这个问题感到生气,他回答道:"这不关你的事!"

但是蒂法尼执著地问:"爸爸,请告诉我,您一小时挣多少钱?"

杰夫厉声说:"好吧,我一小时挣20美元。"

蒂法尼问:"爸爸,能不能借我10美元?"

杰夫气冲冲地大声说:"想都别想。"

那天晚上,杰夫感觉对待女儿的方式很糟糕,因此他走进她的房间,他看见蒂法尼满眼泪水,仍然没睡,杰夫于是从口袋里掏出

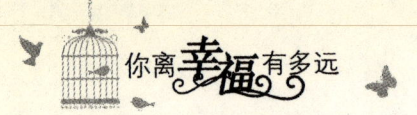

一张10美元的钞票,坐在她的床边,温和地将钞票给她。蒂法尼轻轻地笑了,从她床头柜的抽屉里拿出一把摺皱的的纸币和一些硬币,全部交给杰夫,兴奋地说:"谢谢,现在我有20美元了!爸爸,我能不能买您明天的一小时?"

我们利用这些故事做什么?显然,爱迪生在工作中发现了目的,事实上,不是工作,而是他生命的天职。而杰夫可能从他的工作中找到相同的成就感,但是他们两个都在他们的生活中将别的事情排斥在外,追求他们的目的。严格地评判这类专心是诱人的,但是我们要尊重每个人的权利,根据他们个人的核心价值观和特有的目的做出选择。

真正的危险产生于没有目的的行动。如果我们不是过着一种有明确目标的生活,那么我们很容易虚度,并陷入我们自己的"一连串苦难"中。

对生活要求很少,并享受他们所拥有的东西的人比那些拥有很多、但是总想要更多的人更加富有。恰恰是那些顺其自然的人最终变得富有和充实。但是无目的地追求富有和充实的生活除外。最充实的生活通常是目的最明确的生活。

家庭价值观

对于有强烈目的意识的领导者,平衡生活和家庭之间经常发生的冲突是一个大的挑战。现在你可能猜出来了,对于选择要孩子的人而言,我强烈地偏向于支持家庭价值观和目标明确的亲子教育。

除了建立强大持久组织的伟大企业家或者主管之外,父母的遗

产是能够影响或者搅乱许多生活的主要方式之一。父母的影响是深远的，它会持续几代，会涉及到几十甚至几百种将来的生活。

这就是我同意马丁·巴克斯鲍姆观点的原因，他说道："在谈论成功的时候，你能用到大部分的策略，你可以在高档的住宅、昂贵的轿车或者服装中衡量它，但是你的真正成功是不能衡量的，你的真正成功是你的孩子在与朋友谈话时描述你的方式。"

对于父母，我认为，我们对他们的爱和尊重，才是衡量我们财富的尺度。

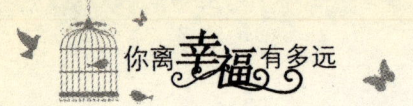

领导别人

高效的领导者帮助他们周围的人保持联系和干劲,并使他们经历充沛。

塑造重点和环境

"我们生活的历史时代是一个认识到承诺更高价值、个人使命的再度觉醒以及渴望实现生命目的的再度觉醒的时代。"

——罗伯特·弗里茨,《事半功倍的方法》

乔尔和德尼丝各自在领导自己的服务俱乐部和社区机构的资金筹集活动,在另一个成员的领导下,乔尔的俱乐部在他们的最后一次努力中筹集了创纪录的资金总额。乔尔不确定他们是否可以再一次接近这个水平,但是组织是他真正的强项之一。由于相信"计划你的工作,并使你的计划工作",乔尔设定了目标,并有效地发挥了他资金筹集团体中每个自愿者的作用和责任。

在每一次会议上,他用"成果测定"以及"目标实现"之类的简洁语言做报告,他使每个人难以实现他们的承诺。他用酬金和奖励的方式为那些捐钱以及募捐的人制定了酬劳计划,他组织了集会,例如"与众不同"日。

当资金筹集活动完成时，他们马上感到他们缺乏目标。

德尼丝知道组织是重要的，她聘请了一些具有这种能力的人帮助她管理资金筹集活动。她专注于将捐赠者和自愿者与他们社团中这么多人在生活中起到的作用联系起来。

由于从她的公众演讲训练中汲取了经验，德尼丝喜欢讲述他们筹集的资金是如何援助盲人露西继续他的学业并找到工作的故事。或者她讲述拉尔夫和他的家人由于他多年的背痛问题失业后，如何利用咨询中心找到新的希望和方向。

在许多次会议上，她邀请了他们帮助的人上台讲述他们的故事。有一个叫苏珊的来到会议上，平静地讲述了她因为毒品和酒精而对3岁的儿子产生了多么可怕的忽略和虐待。在德尼丝的机构资助治疗中心的帮助下，苏珊现在是干净的、头脑清醒的，并将在不久毕业于护理学校。会议上没有谁不为此落泪。

在资金筹集活动期间，德尼丝不断地提醒团队记住他们建立一个"关爱的社团"，并为所有人提高生活质量的梦想，她一直反复提及他们的四个"试金石价值观"：CARE（合作、联盟、尊重和共鸣）。许多捐赠者、商家、政府机构以及志愿者都被感动和激励了，他们越发起了积极作用。

资金筹集活动超过了目标。

无论是在我们的个人生活，还是在我们的事业中，我们都很容易变得过度地关注任务和结果。在许多组织中，进步和成功被有形的尺度，如体积、活性度、收益或者利润度量。无形物如精力和重点被认为是重要的，但是它们通常被隐藏在不引人注意的地方。

在《开拓者们》中，盖尔·希伊写到："我的研究提供了令人印

象深刻的证据,当我们试图使我们的世界更美好……试图具有超越一个人自己自身适合于存在的意义和方向的目的时,我们感觉更好,这也是最重要的健康特征。"

如同一个疾快地走进房间,而又忘记干什么的人一样,个人、团体和组织可能经常忽略他们的目的,因此他们跑的更快,以弥补他们缺失的重点。由于没有将长途旅行的日常工作中的偶然弯道巩固、重新激励并恢复活力,每个人都变得疲劳和没有效率。

领导者主动地重视他们的家人、同事,或者社团的环境和文化。他们确保梦想、价值观以及目的是有活力的,并处于焦点的中心。

在一个组织中,这种对环境和文化的关心可能涉及到每个人与组织服务的对象保持联系并相连。这意味着尤其在困难和障碍看上去难以克服的时候,要保持长久的梦想。这可能涉及到弄清楚核心价值观并将它们用做一个固定的框架,引导并鼓励每个人的行为。

它也意味着使个体的个人抱负和目标与团体或者组织的抱负和目标一致,可能包括提供培训或者资料,以向前推进团队的努力。它意味着理解个人的需求并为他们服务,因此他们能够为客户或者伙伴服务。

强大的领导者通过梦想、价值观和目的,塑造他们自己的团队或者组织的重点和环境(以及他们的家人、朋友和同事的重点和环境)。他们通过专注于可能性,帮助他们和别人克服困难,并摆脱"现实成规"。强大的领导者与他人建立良好的关系并激励他人,(让)他们不知疲倦地工作,以保证没有人忽略任何有关系的东西。

成长观点

- 我们找到了我们专注的东西,无论我们认为我们的世界充满了财富和机会,还是充满了垃圾和绝望,我们都是对的。世界正是如此,因为这是我们的成长观点。

- 我们的重点和环境由三个重要问题体现:我将去哪里(我想要的未来的梦想或者蓝图)?我相信什么(我的原则或者价值观)?以及我为什么存在(我的目的或者使命)?

- 梦想是被具体化到将来的价值观,梦想和价值观都产生于目的。梦想、价值观和目的是相互关联不可分割的。

- 过去几十年中关于最大成就、领导、个人效率、对变化的适应能力、世界级运动员、甚至是治愈过程的大量研究都清楚地表明了梦想在成长中起到的主要作用。

- 没有一套坚定的核心价值观,我们更可能从外向内,而不是从内向外引导我们的生活。当我们的价值观没有处于中心的时候,我们的精力很容易分散。

- 我们的目的或者使命意识越强,我们的精力、激情以及承诺就越坚定。最充实的生活通常是目的最明确的生活。

- 领导者主动地关注他的团队、家人或者社团的环境和文化,他会确保精神和意义是有活力的,并始终处于焦点中心。

第三章

如果是那样，也要由我决定

出现错误的时候，责备别人很容易。但作为领导者应当接受他们行动的结果，并对所做的事情负责。

对选择负责

"我们所有人每天都做出许多选择，
大部分的选择都是微不足道和习以为常的，
以至于它们几乎如呼吸一样不假思索，
生活在不幸的失败中的人，
从来没有为生命更美好的事情做出选择，
因为他们从来没有意识到，
他们是有选择权的。"

——奥格·曼迪诺，《选择》

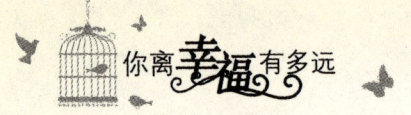

经过激烈的会议讨论和许多整顿社团问题的警告之后，主管最终被解雇了。当他离开办公室时，遇到了热切的继任者，他告诉新主管："这个办公桌最上面的抽屉里有三封密了封的编着号的信，我将它留下来作为我的临别赠言，当你确实处于困境中的时候，按顺序打开它们。"

没过几个星期，新主管就深陷困境，因此他打开了第一封信，这封信写得很简单："责备我。"他照做了，他的愤怒转移了。不久之后，他陷入了更深的困境中，他打开了第二封信，这封信建议："责怪经济。"他照做了，这给他带来一些同情和时间。但是几个月之后，沮丧的主管陷入了严重的困境，他打开第三封信，信上说："是时间写三封信了。"

责怪别人或者别的事情容易，但接受对我们自己的选择负责不只是不容易，在当今社会，它甚至被认为是不可思议的。

但是最幸福和最成功的人，也就是做完事情并在他们的生活上获得成功的领导者，知道生活是一系列无穷的选择。他们可能被欺骗，但是拒绝成为受害者，他们可能偶然游览充满遗憾的地方，但是不让这些地方成为他们永久的家。

领导者掌控他们自己的命运，而别人却没有这样的能力。领导者相信选择比机会更多地决定了他们的环境。即使在他们不需要负责的情况下，领导者仍然对他们的行动负责。

领导者知道生活的累积，他们所做的选择，不论是好的选择还是差的选择，都如同在银行账户中存款和取款一样。他们懂得存储成功和幸福的财富，也懂得积累绝望和沮丧的赤字。因此，领导者具有通过引导他们的思想，选择他们的命运的主动权。

想一想你很了解并且真正钦佩的某个人，他总是有始有终地完成每件事情，你会称他为真正的领导者——他（她）可以是父母、祖父母、当地社区领导、活跃分子、教师、企业家或者教练，他（她）经常被动接受现状，或者温顺地赞同生活交付给他（她）的任何东西吗？我敢说很少，难得。领导者不会等待事情发生，而会使事情发生——因为他要对发生的事情负责。

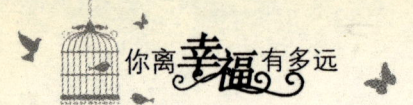

不治之症

在充满遗憾的凄凉街道上,有受害者症候群病毒流行着。

从抱怨到成长

"噢,神圣地成为了受害的地方。历史上受压迫的人在牺牲的国度里不但能找到圣洁,还能找到安全。当通往更美好生活的道路被足够多、足够成功地否认了时,人能够用拒绝作为停止所有努力的借口。"

——玛雅·安吉罗,美国作家,
《唱啊,跳啊,就像过圣诞一样快乐》

一个38岁的男人在他的父母家中参加星期天会餐,他悲哀地将讨论转到他的许多问题上,他呜咽着说:"我刚逃离我第三次失败的婚姻,我找不到工作,我债台高筑,我不得不申请个人破产,我到底错在哪里?"

将我们的困难归咎于别人是一种容易摆脱困境的办法,这就是它之所以受欢迎的原因。

一个求职人员将这样的话放在他的简历中:"公司把我当成替罪羊,正如我之前的三个老板一样对待我。"

在《如何拯救你的生命》中,作者埃丽卡·琼写到:"不能怪任何人！……这是大部分人与他们憎恨的人一起过着他们讨厌的生活的原因……怪罪于某人是多么美妙的事情！接受一个人的惩罚多么美好！你可能是卑鄙的，但是你永远感觉有理。你可能是无理的，但是你感觉从各种非难中得到解脱。冒生命危险，会发生什么？一件可怕的事：不能怪任何人。"

《滚石》杂志记者P. J. O 罗克附言："相信自由意志和个人责任的恼人的事情之一，是难以找到某人并将你的问题归咎于他。当你找到某人的时候，他的影像出现在你的驾驶证上的频率是非常令人关注的。"

白天打开任何脱口秀节目，你会找到无穷的例子：人们因为他们在生活中培养的习惯责怪任何人或者任何事。频道切换能导致这样的结论：我们生活在痛苦的星球上。

只要这些悲伤的灵魂在玩着责备的游戏，并接受他们的受害者角色，他们就陷入了墨守成规中。变得墨守成规太容易了，墨守成规确实是一个末端被敲空了的坟墓。这些"连串苦难"的定期观看者很快、并且最终感觉与受害者的反复游行一样无助和无望。

如同"哀诉工业"中的主要玩家一样，这些节目反映并帮助传播了当今社会中最致命的疾病：受害者症候群病毒。这种病毒导致了可怜而又微不足道的自我综合症，这是一种绝望和无力处理关于个人问题及任何事情的状态。一旦被传染，患者就用诸如"这不是我的事"，"我只是遵照命令"，"我太老了，以至于不能改变"或者"狗吃了我的作业"（也是一本文森特·巴里的关于个人责任的伟大的书的标题）之类的借口回避个人责任。

受害者症候群病毒是这个地球上曾见过的最具传染性和破坏性

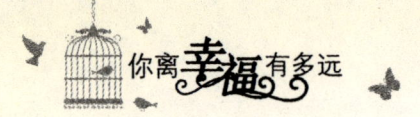

的传染病，对它通常采取与悲观瘟疫一起治疗的办法。这两种病每年都杀死、伤害、摧残无数的生命。它们也是唯一致命的疾病，无需任何形式的身体接触就能传染，通常大部分情况下通过一对一、团体或者群体传播蔓延。

受害者症候群病毒的症状包括一阵阵的怀疑和沮丧腹泻、连续地讥笑和暗讽呕吐、产生于怀疑和猜忌的颈部（或者较低部位）疼痛、绝望头痛、来自悲观和贬低的阵阵恶心，以及源于"我（或者我们）无法驾驭"语言的频繁抽筋。

这种"受害者说"通常包括诸如"他/她让我如此恼火，以至于我不能控制我自己"，"这正是我要的方式"，"没有什么我能做的"，"他们将不允许那样"，"我必须……"，"我不擅长于……"，"制度不会准许我们"等等之类的言语，我们能够从我们的个人收藏中取出全部加到这些话语列表中，来概括他们症状的严重性。

整个团体感染上受害者症候群病毒和悲观瘟疫也是很容易的，结果是许多家庭聚会或者工作会议变成了"主要的尖叫治疗"或者"责备风暴"集会——导致家庭成员的低劣行为，错过了最后期限，或者销售量下降等等。

防备逆境

领导者拒绝让命运或者别人掌管他的一切。

选择不失去

"无论我们是奋起应对逆境的挑战,还是被它压垮,在很大程度上都是关于选择的问题。最终,我们对该选择负责。"

——卡尔·希伯特,作家、飞行员及摄影师

在之前的章节中,我为您介绍了卡尔·希伯特,他成功地在一架开放式驾驶舱超轻型飞机上完成了横贯全国的58天飞行。这是非凡的成就,但这不是第一次他靠意志的力量取得的。

在1981年,卡尔被卷入了一次滑翔翼事故中,他的脊柱骨折了。当他蜷缩着躺在破损的滑翔机碎块中时,他暗自思忖:"我的脊柱骨折了,我的余生将在轮椅上度过,我认为我不能面对这个……我不想活了。"他停顿了一下,继续思索:"不……我仍然有理智,我需要将这看做是一种挑战,现在的问题不是我骨折的脊柱,而是我的态度,我如何处理这些问题都取决于我自己。"

对于许多人来说,这可能只是一堆无畏的空话。由于多年前我就认识了卡尔,我知道卡尔确实是这样的人。卡尔是我认识的最乐

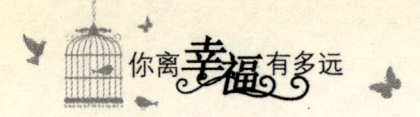

观、积极、慷慨和风趣的人之一。他到我们家里或者只是与他在电话里聊天都是一种乐趣。他的谈话通常会围绕着他是多么的幸运，或者从他被赠予的不寻常礼物展开，他的话语中总是充满了兴奋的感激。

卡尔·希伯特是我有幸认识的最鼓舞人心的榜样领导者之一，他的故事是苦难的，但是他拒绝成为受害者的精神和行动是让人钦佩的。虽然受害者症候群病毒可能是容易摆脱困境的办法，但是我们相信，卡尔不会感染这种病毒。以下这段话摘自他的《翅膀的礼物》，这本书表现了一种精神——这种精神是对选择负责的成熟领导的标志。

生活不会是风平浪静的，我们生活在一个充满了偶然事件、随机性、病毒以及夜里汽车嘎吱作响的世界中。我生命的每一天都在痛苦中开始——慢性的、令人泄气的、无情的痛苦……这是我最大的苦难……因此选择成了我的必经之路。我是专注于所有的痛苦和蛮横的不公，还是不管伤痛，专注于仍然在哪里的机会？……我的轮椅带来了许多约束和限制，包括过去我喜爱的大部分运动。专注于这些约束是对身处挫折中的一种有保证的锻炼。事故是很难左右的，但是我的事故和这个轮椅在许多方面也给予了我一种更加丰富的生活。

从障碍到机遇

"这仍然是真理：当将障碍转变成机遇时，人类是最独特的。"

——埃里克·霍弗，《对人类境况的思考》

选择专注于我们的问题，还是专注于我们的契机，是个关键的领导问题。这就是我收集克服了障碍的人的例子的原因。最终我想将这些例子编辑成一本书，我暂时给这本书取名为《防备逆境》：希望、觉醒和人类精神的启发性故事（如果你有故事相赠，请访问我们网站的该部分）。

希瑟认为我应该把她克服与我结婚20多年的巨大逆境的故事写下来。

以下是拒绝接受他们的境遇或者"命运"的领导者的例子。

- 阿瑟·毕晓普从68岁开始，写了9本军事书籍。
- 戴伯特连环漫画创作者斯科特·亚当斯，在联美公司最终试验性地出版了一些他的早期漫画，在这之前，他被杂志社和"天才学校"无数次地拒绝。
- 阿尔文·劳是一个靠镇静剂维持生活的人，他没有手臂，因此他用脚打鼓和弹钢琴。他对他的孩子和社团听众说"世界上没有'不能'这个词"（在他成长的过程中，他总是可以从他父母那里听到这样的话）。

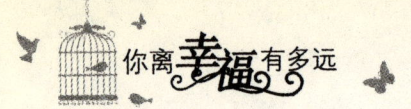

- 少校迪安娜·布拉瑟尔从加拿大武装部队的打字员开始，逐步变成了世界上第一个驾驶 F18 喷气式飞机的女战斗机飞行员之一。

- 我唯一认识的一个便利店店员彼得在一次抢劫中中枪了。他时而昏迷，时而清醒，在这个过程中，他能感受到急救室医务人员的脸上流露出放弃挽救他的神情。一个护士问他是否对什么东西过敏，他回答："是的。"在等待他的回答时，医生和护士停下了脚步。他深吸了一口气，大喊："子弹！"在他们的笑声中，他告诉他们："我选择活着，给我做手术，就好像我还活着，而不是死了一样。"

- 斯拉夫·赫勒是波兰一个大食品厂的工程师，并且也是一个成功的总经理，由于当时对极权主义政权感到厌恶，他移民到了加拿大。那时他34岁，有一个依赖他的家庭，他不会说英语，并且也没有公认的证书。他的第一份工作是洗飞机，每小时5美元。在4年内，他学习了英语，重新获得了工程师证书，并且是他的领域内公认为专家的生产主管。在53岁的时候，他完成了工商管理硕士（MBA）学业，并从事咨询工作。

- 布列塔妮·泰斯是我们的女儿詹的最好的朋友之一，她生来就有侏儒症，比别的青少年矮得多。当孩子们笑话她的高度时，她告诉他们："我外表弱小，但是内心强大。"

在成千上万的领导者中，只有很少一部分人可以拒绝天意或者其他人来控制他们的命运。这些领导者会遵循他们自己的选择来服从命运。当我们自己"应付满溢"的时候，他们的光辉典范鼓舞了我们。当我觉得充满遗憾的时候，这些领导力量抓住了我，不要觉得能够胜任任务，或者想要放弃。比起忘记我们的问题，我们似乎更容易忘记我们的祝福。我们需要提醒我们自己，如果我们不能感谢我们所拥有的东西，那么我们至少应该感谢我们没有得到的东西。

制造我们自己的麻烦（或是责备别人）是容易的，用麻烦造就我们就难得多了。强大的领导者，例如我提到过的，提醒我们失败的是一件事，而不是一个人，不去尝试比尝试后失败糟得多。但是向前看，如果不是你过去的尝试，又怎会有后人的成功呢？你就会得到许多快乐了。

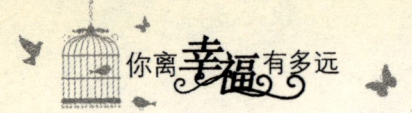

观点·立场

比起机会，选择更多的决定着我们的境况，这完全是专注的问题。

被感知的现实

"世界上最大的谎言是什么？"男孩子十分惊讶地问。

"它是：在我们生活中的某一点上，对于那些发生在我们身上的事情，我们失去了控制力，我们的生活变得被命运掌管。这就是世界上最大的谎言。"

——保罗·科埃略，炼金术师

雪后的一天，我们一家人驾车穿过乡村，去一个朋友家参加圣诞家庭招待会。一场清新的降雪让树、房子和牲口棚上都覆盖了一层迷人的白色粉末。天气寒冷，但是在阳光映衬下，雪在地上闪着光芒，不停地跳跃着，用它洁白的身体给房屋和树林穿上了银装，这情景就像在柯里尔和艾维公司的油画中驾车一样。在家庭招待会上，我滔滔不绝地说起我们在迷人风景中驾车30分钟的奇观和美景。另一个客人打断了我的话，他刚刚经过90分钟的行驶才到达，他气急败坏地说："什么美景，简直是险境！公路上的烂泥和飞沫不断地弄脏我们的挡风玻璃，把我逼疯了，我讨厌在那种乱七八糟的玩意儿中驾驶。"

哪种观点是现实？挡风玻璃上的烂泥或者那边的冬日仙境？它们都是现实。有时我们会听到人们说"他没有生活在真实世界中"或者"这不是现实"，但是我们正在讨论谁的观点"现实"呢？哲学家已经争论了几个世纪了：没有客观的现实，只有感知。你有你的现实，我有我的现实，他有他的现实。

大部分所谓的"现实"有待解释，并且非常依赖于被读入数据库的东西。我们看不到世界本来的样子，我们只是看到我们想要看到的世界的样子。所以乔治·萧伯纳劝诫："最好让你自己保持干净和光亮。你是一扇窗，你必须透过这扇窗看世界。"

这是很难平衡的。我能采取"别着急，高兴起来"的态度，吹着欢快的曲调，积极思考，并只关注生活光明的一面。但是如果我忽略了挡风玻璃上的烂泥，我可能最终会撞在其中一颗仙境树上，在沟渠中被压碎，迷人的雪埋葬我已毁坏的身体。

难题和"丑陋的现实"不会因为在它们上面画了一张快乐的面孔而消失，但是在绝大多数情况下，我们由于难题而变得不知所措，被我们的难题深深地困在我们自己的"现实成规"中。只要我们陷在那里，我们就不能在成规内看到外边的契机。

由于享受了欢乐季节和乡村中的舒适驾驶，我能很轻易地透过挡风玻璃上的烂泥，看到冬日里风景的美丽。我也没有经常这样做，太容易关注并诅咒挡风玻璃上的烂泥了。老是想着我们的难题，而不是我们的契机，实在太自然了。我们经常认为最坏的事情会发生，然后在它发生的时候说："看吧，我告诉过你会发生。"大多数情况下，我们总是选择诅咒黑暗，而不愿点燃蜡烛迎接明天。

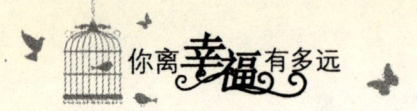

选择我们的人生观

"……我们的所有东西都可以被拿走,但有一样东西不行,这就是在特定环境下选择自己的生活态度的自由。"

——维克托·弗兰克尔,神经专家,精神病专家,

杰作《人生的真谛:集中营中的经历》和

25部关于存在主义、心理学和人生意义的作品的作家

　　一个乐观主义者会期待最好的结果,并可以利用环境中最具希望的方面。他或者她相信这是所有可能领域中最好的,相信天地万物在更新,善意最终会战胜邪恶。乐观主义者认为从来没有人因为看向生活光明的一面而损坏他们的视力。情商、归因论(见马丁·塞利格曼的杰作《学会乐观》),以及相关领域的研究表明,乐观主义者不但在生活中走得更远,而且他们在旅途中有更美好的时光。乐观主义者通常更加健康,更加快乐,并且是他们各自领域中的领导者。

　　悲观主义者强调否定,并持有最悲观可能的观点,他们通常认为这是所有可能领域中最坏的,认为事物自然地走向邪恶,并认为邪恶最终遮蔽善良。悲观主义者认为万有引力是地球吸引的神话。高度忠诚的悲观主义者从证明没有真正或者持久的欢乐中获得快乐。如果生活是温床,那么许多悲观主义者直到过敏才会高兴。悲观主

义者不止认为最坏的事情会发生,当发生时,他们还最大限度地利用它们。

哪种观点更接近现实?由于我们看不到世界本来的样子,每种观点都成为了我们的现实。我们选择我们的人生观,我们选择成为乐观主义者或者悲观主义者。如同前美国教育部长威廉·班尼特评注:"这是选择的问题,可能是古罗马斯多阿学派捍卫人性最大的见解,没有卑贱的工作,只有卑微的态度,我们的态度取决于我们自己。"

我们在出生时,从我们的教育中,或者从我们当前的环境中,可能已经被赋予了乐观或者悲观的倾向。但是从今往后,我们可以决定我们想要成为什么样的人,我们选择是将我们的注意力集中在冬日仙境上,还是集中在烂泥弄脏的挡风玻璃上。

选择释放极端情绪

"愤恨是我放在希望中能让别人死亡的毒药。"

——佚名

我飞驰着,因为快赶不上一个重要约会了,在一条双车道公路上,我减低了速度。突然,我的前面出现了一辆比限制速度还慢的笨重的垃圾车,它缓慢地向前开着。公路上到处都是来来往往的车辆、弯道和斜坡,因此我不能过去。如果我开始生气,敲打方向盘,如果我对此变得焦躁不安,那么这时候谁控制我的情绪——我,还是垃圾车?

我们成长中的另一个里程碑是:我们什么时候可以对我们的情绪负责。我们选择发脾气,我们选择变得猜疑,我们选择心怀怨恨。

屈从于受害者症候群病毒容易得多。如果可以明白生气、妒忌或者痛苦是别人的错,或者是我们无法控制的,那么疼痛会更少。但是这会使我们成为自己毁灭性情绪的俘虏。我们有不满,让怨恨郁积起来,并变得愤世嫉俗。我们让我们自己承受极大的压力,我们自作自受。

抓住毁灭性情绪不放是慢性自杀。研究表明,源自负面情绪的压力比抽烟或者吃高胆固醇食物更危险,患癌症和心脏病的风险更高。

一群医学院的内科医生被测试了敌对程度，后续的研究表明，那些敌对分数最高的人比那些敌对分数低的人在50岁死亡的可能性高7倍。

另一个研究中，被评定为容易激怒的人比那些性情平和的人死于心脏停搏的可能性大3倍。如果我们胆固醇高，附加的生气风险高出5倍。

毁灭性情绪是致命的。鉴于日益增长的证据，研究者和作者丹尼尔·高尔曼说："偶然一次敌意显露对健康是没有危害的。但就确定一种敌对的个人风格而论，当敌对变得经常发生时，问题就出现了。这种敌对风格以反复的不信任和愤世嫉俗的心情，挖苦意见和贬低倾向，以及更加明显的阵阵烦躁和狂怒为标志。"

为了我们自己的健康和快乐，我们必须选择释放不良情绪，不管我们抱屈含怨多久，事情都不会变得更好。当我们摒弃前嫌的时候，我们要保证我们没有把铲子放在手边。生命太短暂了，如果我们像秃鹫一样以死的东西为食，生命可能变得更加短暂。

我们需要宽恕和真正的忘记。宽恕不是为了别人，而是为了我们自己。

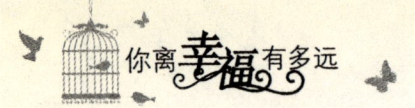

赢利

差的选择像债务一样堆积。现在,是时候开始逆转平衡了。

思考

"我的人生哲学是我不管到什么地方,都会去发现最大的问题是在哪里?那里要么有公平累积,要么没有。要么有生命积聚,要么没有。而我要么积累我会为之感到痛苦的债务,要么积累我会为之感到高兴的价值。"

——吉米·罗恩,个人发展作家和演讲者

住在我们已经建造的房子里

一位年迈的木匠准备退休了,他告诉他的老板他准备离开建筑业的打算,他说他想和他的妻子过一种更休闲的生活,享受天伦之乐。他还说他会怀念这里的薪水的,但他必须退休了,他的离职他们慢慢就会适应的。

老板对他的这位优秀员工的离去感到非常遗憾,于是问他是否可以盖最后一栋房子作为私下里的帮忙。这位木匠答应了,但显而易见他做事的时候是心不在焉的,他的活儿做得毛毛糙糙,用的材料也是次品。

当木匠最后完工，老板来看房子时，他把房门的钥匙交给木匠说，"这是你的房子啦，是我送给你的礼物。"

惊讶！羞愧！如果他早知道他是在给自己盖房子，他肯定会做得截然不同。现在他不得不住在自己建的糟糕透顶的房子里面。

这个道理同样适合我们。

在营造生活时，我们的精力被分散到太多的地方，我们只是被动地适应而不会主动行动，而我们自己也不愿意去尽心尽力地营造我们的生活。在重要的时刻我们也没能尽自己最大的努力做好工作。然后我们吃惊地看到自己所做的一切：发现自己就处在为自己营建的房子里。

一个人苦恼地向银行经理抱怨被拒付的所有支票，经理查了他的账目，回答道："但是琼斯先生，如果你没有把钱存进您的账户里，我们怎么兑现您的支票呢？您必须有足够的储蓄，才能支付您的取款。"

我们的选择积存在我们"个人选择"的账户里。我们用我们做出的每个决定积累亏空还是盈余，取决于我们的选择是好的还是差的。这里有一些警告：

- 40岁之后，我们的面孔就是我们自己的过错，它能用烦恼或者笑纹表露。
- 我们能有不断加强的关系和支撑网，或者随着时光流逝，更加寂寞和孤独地成长。
- 我们的职业技能和经验能够通过越来越多的责任、选择以及征服来营造，或者我们能够变得停滞不前、过时淘汰和无关紧要。

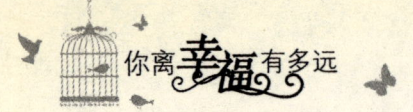

- 我们能够不断地成长并为我们自己准备新的机遇，或者保持现状，变成"突如其来变化"的受害者。
- 我们的金融财富能够增长，并在将来为我们提供自信，或者我们能够做出稳定狭隘的未来的选择，种下不安全和依赖的种子。
- 我们能够不断增长我们付出和收获的爱的级别，或者变得越来越冷漠、冷酷和麻木。
- 我们遵守诺言的美名能建立信任，或者我们缺乏可靠性会导致人们怀疑我们的诺言。
- 由于我们多年的积累，我们能够逐渐变得老练和更加聪明，或者我们只能够变老。

正如尚有存款的银行账户一样，这些选择积累几乎没有一个是固定不变的。我们不断地改变我们选择账户的结余，然而不当选择积累的时间越长，越需要更多的时间和努力来改变结余，因此我们需要马上开始。什么都不做，不会逆转负趋势，是时候开始了，5年内我们可能就会改变结余了。5年前，我们做出了累积到当下环境的选择，不管我们准备就绪还是未做好准备，时间和变化都继续前进。从现在开始的5年稍纵即逝，我们在接下来的5年里的选择积累，将决定我们是懊悔地追忆，还是满足地回顾。

估量我们影响别人的能力

"为你把握不了的事情烦恼没有用,因为如果它们不在你的控制之内,担心是徒劳的……为你掌控之下的事情烦恼也没有用,因为如果它们在你的控制之中,担心也是徒劳的。"

——佚名

在我们的个人和领导能力发展专题讨论会上,我的公司经常会组织"控制程度"练习。我们让参与者准备以下方面的例子:(1)直接控制;(2)影响;(3)不能控制。

虽然通常情况下,许多辩论不一定完全一致,但是"不能控制"的例子一般包括像天气、经济、自然灾害、特殊事件以及诸如此类的事情。当然,许多人会很快向受害者症候群病毒投降,宣称他们没法控制,甚至没有影响别人的行为。

大部分情况下,我们只有一样东西受到直接控制——我们自己。然而,一些专横的人自欺欺人,认为他们直接控制他们的孩子、同事或者下属。

我们影响的程度显然是最大的部分,也是大部分辩论的主题。在每种情况下,我我拥有的影响程度直接与我影响指数的力度相关。我们制定了影响指数,在特定情况下用人或者团队帮助参与者估计他们的地位。每种情况下,当参与者试图用他们的观点或者行动过

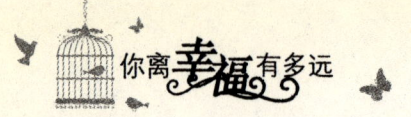

程影响（或者领导）其他的人或者团队时，他们需要估计他们的影响地位。对这种地位客观诚实地评估将告知参与者时机是否恰当，以及他们是否有足够的力量继续下去。

评估以 5 分制为基础，其中 1 表示非常弱，5 为非常强。用这个分数，对于特定情况，我们能够在以下 12 个方面的每一个方面为我们自己计分：

☐ 我清楚成功的结果是什么样子的。

☐ 我对他们的职位和胜利的理解（他们将如何获益）。

☐ 我的劝导和沟通能力。

☐ 我的时机掌握和我所推荐的行动与环境的切合。

☐ 我的气度和方法（我会增加或降低防御性和冲突吗）。

☐ 我对胜利或者胜利的结果的真诚渴望。

☐ 这个人或者团队对我的信任。

☐ 我的激情和承诺（包括毅力）。

☐ 我们相互信任的程度。

☐ 我的领导能力。

☐ 我用别的重要影响力覆盖基础并建立其支持的程度如何。

☐ 我的指定的角色、位置和职权。

总分 45 分或者更高，表明我在该情况下处于影响人或者团队的强有力位置上。25～44 分表示不是非常强。我可能想要等待更好的时机或者加强我分数最低的方面（加强这些方面可能花一些时间和心血）。如果得分为 24 分或者更低，则我的影响能力非常低。显然，如果我想提高我对该问题或者在该情况下的领导能力，我有许多工作要做。

第七任总统安德鲁·杰克逊曾经说："一个好汉胜无数。"我的影响能力与我的选择积累有很大关系。如果我打算增加我的影响指数，我必须改变我的选择并开始改变我自己，从而帮助改变他们。

循序渐进

规划

我们通过选择我们的目标来选择我们的将来。

你认为呢？

"我拥有一个小小的王国，

思想和感觉在此居住，

我发现要管理好它们

是个非常艰巨的任务。"

——露伊莎·美·阿尔克特，《我的王国》

一个聪明的圣人设了一个宴会，宴会快结束时，每个人都得到了一块儿运气饼干，并被告知他们将未来抓在了他们自己手中。客人们渴望掰开饼干，阅读其中的智慧箴言。但是每块儿饼干里面的纸条都是空白的。

"这是在开玩笑吗？"他们问，"我们的将来如此暗淡或者充满空虚吗？"

圣人回答道："这取决于你们每个人，选择在于你，许多人渴望预言者预测他们的将来，很少有人愿意书写他们的未来，你的将来是一张空白的纸，等待你创作将要发生的事情。"

作为她八年级学习计划"开始认识我"的一部分，我们的女儿詹被要求概述她的人生观。这里是她如何描述选择我们的思想和选择我们的未来的过程:"如果你相信你有美好的未来,如果你坚持你的信仰,你可能会行动,并尽你最大的努力;如果你认为你将是一个失败者,那么,你可能真的就是。看吧,所有的事情在循环中运转:如果你相信,你就会成功;如果你不相信,你就会失败。"

选择我们的思想和未来的主旨是永恒的领导准则,该准则重复了千百年。马可·奥勒留,2 世纪哲学家和罗马君主,他撰写的杰作《冥想》,简单地阐述道:"我们的生活是我们的思想塑造的。"在 16 世纪,威廉·莎士比亚观察到"世上本无所谓好与坏,思想使然"。在 19 世纪《日晷》中,拉尔夫·瓦尔多·爱默生写到:"生活由一个人整天想的东西组成。"1871 年,查尔斯·达尔文写到:"道德修养能达到的最高阶段,是认识到我们应该控制我们的思想。"

核心真相是定期地重新发现和重述他们的时代。20 世纪初,美国哲学家和"现代心理学之父"威廉·詹姆斯断言:"人可以通过改变自己的态度来改变生活,这是我们这一代人最伟大的发现。"

在计算机程序设计中,"源代码"由可读的指令组成,这些指令被转化为计算机可读的机器代码,然后计算机执行或者按照这些指令操作。我们自己的思想就如同我们的个人源代码一样,我们执行它或者将其转化成行动。我们的思想确定我们的程序指令。

如果我们继续像我们一直思考的那样思考,我们将继续得到我们一直得到的东西。我们日常的思想选择转化为我们日常的行动,我们的行动累积养成我们的习惯,我们的习惯塑造我们的性格,我们的性格吸引我们的环境,我们的环境决定我们的未来……从选择我们的思想开始,对我们的选择负责吧!

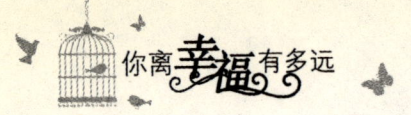

成长观点

- 我们不能选择不被害,但是我们能够选择是否成为受害者。我们必须为我们的行动负责,响应我们不负有责任的环境。
- 领导者不是受害者症候群病毒携带者,他们帮助别人治愈他们的被害者症候群症状。
- 领导者可能由于短暂的假期参观充满遗憾的地方,并帮助别人迁移出来。
- 选择比机遇更多地决定我们的环境。我们选择透过乐观的眼镜看待世界,或者用悲观的眼镜看待世界。两种选择之一成为了我们的现实。
- 我们能用我们自己的毁灭性情感慢慢地杀害自己,或者释放这些情感活下来。
- 生活累积是为了在我们的选择账户中支取或储蓄。它能营造成功和快乐的财富,也能产生绝望和气馁的债务。
- 我们唯一能够控制的是我们自己。
- 一个人挑战现状和影响别人的能力是历史上所知的最强大的力量。如果我们要提高自己的影响指数,就必须改变我们的选择,并开始改变自己,以帮助改变他人。
- 在我们选择我们的思想时,我们正在选择我们的未来。

第四章

现实一点

• 真正的领导能力来自于内心。它要求诚实和正直，它超越了荣誉和个性，它是由性格决定的。

真实

"从字义上看，真实就是做你自己
（这个词源于相同的希腊词根），
就是发现你天生的能力和愿望，
然后找到你自己的方式作用于它。
当你已经做完时，
你已不只是简单地存在，
而是实现由文化或者家世或者一些别的权威，
的影像。
当你书写你自己的生活时，
你已经在玩天生是适合于你娱乐的游戏，
你已经用你自己的诺言守约了。"

——沃伦·本尼斯和琼·高德史密斯，《学会领导》

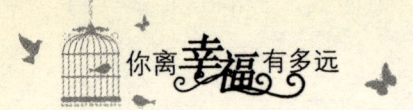

为什么大拇指独树一帜

曾经,五个手指肩并肩地站在一只手上,它们都是朋友。一个手指去哪里,别的手指跟着去。它们一起工作,一起嬉戏,一起吃,一起洗,一起写,一起处理它们的日常事务。

一天,五个手指一起在一张桌子上休息,这时它们发现了一只金戒指躺在附近。

"多亮的戒指!"第一个手指大声说。

"我戴上它会好看。"第二个手指喊道。

"我们拿走它。"第三个手指建议。

"快!趁没人看到!"第四个手指低声说。

它们开始去拿戒指,这时名为大拇指的第五个手指大声说话了。

"等等!我们不应该那样做!"它大喊。

"为什么不能?"其余四个手指质问道。

大拇指说:"因为戒指不属于我们,拿不属于你的东西是不对的。"

其余的手指问:"但是谁知道呢?没有人看到我们。快点儿!"

大拇指说:"不,这是偷窃。"

然后其余四个手指开始大笑,并取笑大拇指。

第一个手指说:"你害怕了!"

第二个手指说:"多么伪善。"

第三个手指咕哝着说:"你实际上非常恼火,因为戒指不适合你。"

第四个手指说:"我们认为你对戒指更加感兴趣,我们认为你是我们的朋友。"

但是大拇指摇头。

它回答:"我不介意你们说什么,我不会偷。"

"那么你别与我们待在一起,"其余四个手指说,"你不能成为我们的朋友。"

于是它们一起走开了,让大拇指独自待着。起先它们认为大拇指会跟随它们,并乞求它们把戒指放回。但是大拇指知道它们错了,不让步。

这就是现在大拇指脱离其余四个手指的原因。

这个可爱的非洲民间故事阐释了做真实的自己通常如此难的原因:它通常意味着我们不盲目跟风,捍卫并坚持我们的信仰是孤独的,不得人心的。这个故事帮助我们以一种全新的方式看我们的双手,它为"竖起大拇指"添加了新的含义。

我们需要刚强的性格,我们也需要对信仰到底是什么的正确理解,来发挥我们信仰勇气的作用。没有了信仰,赞同、盲目跟风则会变得更加容易(对,可能是这样……,至少我认为如此)。

坚定的信仰有时可能与大声表达的观点混淆,这并不是说大声的观点不能源自深深的信念,而是有强烈信念并对他们自己很了解的人,通常感觉没必要站在肥皂箱上,用扩音器大声地吼叫,让别人信服。这种不安全的形式,可能是想通过将人群拖过来突出自己,以排解孤独感的尝试吧。

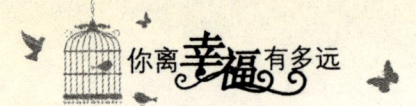

真实是指"对我真实",这难以做到。变得真实更是困难的,它需要毕生的奋斗,剥去我们行为的表层,露出真正的自我。

"对我真实",它需要在自我意识和反思中,日益深化的诚实和正直;它也意味着从别人那里获得连续的反馈信息,以弄清楚他们如何看待我。作为一个领导者,如果试图影响或改变他人,首先必须改变自己,让别人以你为榜样。简言之,我们必须在自己的内心营造真实,让这种真实超越现实,升华为表里如一。

内心的工作

真正的领导者是可靠的。他们的所作所为反映了他们是谁。

真实的我

"我现在对生活的要求是简单、没有秘密,我一直想成为我与所有人在一起时真正的我。"

——E. L. 多克托罗,美国小说家和编辑

领导再访

无论我们在会议室,还是在收发室,我们所有人都需要成为领导。领导不只是发号施令的,他要采取行动,身体力行。

领导不会说必须做这类的话,他会去做与他相关的事情。

领导是一个动词,不是一个名词。

领导是一种行动,不是一种地位。

领导能力不是由我们发挥的作用,而是由我们所做的事情确定的。不管我们在家庭、社会或者工作场所的角色是什么,我们都需要使自己成为有能力的领导者。

为使其对领导内层研究部分的内容更翔实,作家和顾问罗伯

特·库伯去西藏旅行了几次，他引用了一位成为了导师和指导者的长老的话："这是发自内心的。"他把手掌放在胸前，"在西藏，我们称之为真实的存在。字面上，它是指'影响力的范围'，当我们从这里、从内心生活时，我们能够直率坦诚地彼此交谈，并在即使很难表达的时候，说出我们深切感受到的东西。我们相信我们自己，并互相信任，对我们在所有事情中的最大努力负责。我们为我们注定要走的路寻求我们的召唤。"

库伯继续思考其领导研究的结论："实质上，它是一个寂静的能量领域，这种能量不但从心灵和物质形态中释放出来，而且从你的内心释放出来，你的心时时刻刻在心底传达着你究竟是谁的情感真相，以及你为之奋斗、你关心、你相信的东西……当你生活在心灵深处时，你走你的路，听从你的良知，而不会犹豫着表明立场。你的话语听起来真实，并被听取。举例来说，通过情感深度我们开始发现并忠于独特的潜力，这种潜力向我们的命运挑战，并引导我们实现我们生命中的更大的目的。"

行动是领导的外部表达，但是领导不只是我们所做的事情，它也是我们是什么，然后促使我们做什么。

在我公司的培训和咨询工作中，我们发现我们能够教给人们许多领导行为，我们能够教授如何影响别人，如何领导团队和勇敢地面对问题、解决困难等等。我们能够讲授领导行为，但是我们不能教授如何成为领导，这是一种内心的工作，是个人发现和学习的无止境的旅程。我们能够引导、指引并支持别人成为领导者，但是我们不能给人任何预设的公式或者关键行动。

一些人是好的领导表演者，他们能够"做他们的领导事情"，并演着非常夺人眼球的角色。但是迟早，肤浅的领导终会逐渐失去他的吸引力，被人们洞穿他的本来面目。

这不是危言耸听。肤浅的领导不但毁坏信任、损伤精力，也让人们感觉被愚弄。他们非但不自醒，反而通常变得愤世嫉俗和猜疑，且不断增强威胁或刺激，想促使别人"顺应潮流"。这是何等的悲哀！

最令人钦佩和最持久的领导来由内向外产生的感动，他是可靠的，是真实的，是名副其实的。

我深陷愚弄我自己之中

自欺通常是自恋的产物。

虚伪和自负

"真正的伪君子是感知不到其骗的人,他是用诚信撒谎的人。"
——安德烈·纪德,法国作家和1947年诺贝尔文学奖获得者

一个企业家觉得该给他的女儿———一个商学院新毕业生——上一堂"在真实的世界中"的课了,他开始了:"经商,道德规范是非常重要的,比方说,一个顾客走进来,用现金结算他的百元账单,在他离开之后,你注意到另一张百元账单粘在第一张上,很快你就处于一种道德两难处境中……"企业家停顿了一下,说:"你应该告诉你的合伙人吗?"

《美国传统词典》将虚伪定义为"伪善地宣扬自己没有的信仰、感情或者品质的做法;不忠实。"该单词的词根部分来源于希腊单词,意为"装腔骗人,假装"。

我开始相信有两种类型的虚伪:(1)欺骗别人或者对别人不忠诚;(2)欺骗自己或者对自己不忠诚。第一种类型的虚伪只是基本的不诚实行为,一种故意愚弄别人的尝试。第二种类型的虚伪是可

悲的，它是无意识的，是我称为"自我虚伪"的东西。

在奥斯卡·王尔德的《无足轻重的女人》中，哈妮斯夫人对阿伦比太太说："您的脑子可真好使，亲爱的！可只怕您连自己说的什么也不大明白吧。"一些人似乎认为领导与形象和外表有关。他们设法看上去像那种人，并扮演这种角色。他们努力地伪造他们的诚挚，他们只是"金玉其外"——看上去好，但是里面什么也没有。

每个人的"假想发觉者"在察觉这种领导作用中变得更强大。我们能够很快地看到想成为领导和成为领导之间的差别，我们知道一个人什么时候在"做他们的领导事情"，或者真正成为一个领导者。

导致我愚弄自己、自我虚伪的一个主要促成因素是我的自负。如果我遭受了"我紧张"，那么我就不能很好地看待我自己。如果我有"满脑子的尊重"，那么我就不能区分做领导的事情和成为领导者。如果我盛气凌人，我就不能将我提升得更高（并且几乎不无可能的优雅地下台）。

如果我有钱、声望或者地位，我可能相信我是一个成功的领导者。我可以挥着我的双手走向恋人，我可以忘记赞美，像芳香一样，应该是用来闻，而不是吃的。讽刺，就是当我们几乎最大限度地填满我们自己时，意识到我们自己多么饱足。

我们太容易由于领导的形象和外表而迷惑不解了。我们常常将领导看成做和拥有，在那个层面上，我们能够很容易地变成领导伪君子。而真正的领导是成为和变成，是从内到外的言行。当我们忠实于我们自己，并积极地开辟我们自己的领导之路，那么就不会成为领导伪君子了。

第四章 现实一点

大胆地成长

我们的持续使命——自知之明。

探索内心世界

"一个自我探索者,无论他想或是不想,都会成为其他事物的探索者。他学会看待他自己,但是意外地,倘若他诚实,所有其他事物都会出现,并像他自己和一个最终加冕的富有者一样充实。"

——伊利亚斯·卡内蒂,澳大利亚
小说家和哲学家,《钟的秘密心脏》

一头驴发现了一张狮子皮,并将其披在了自己身上。然后它开始吓唬它遇到的每个动物,因为它们都把它当做狮子,人和兽一样,看到它来了逃之夭夭。驴因为其诡计的成功而得意洋洋,它耀武扬威地大声鸣叫。狐狸听到了,马上认出了它是驴,并对它说:"啊哈,我的朋友,是你,对吗?如果我听到了你的声音,我就不会害怕了。"

这个经典的伊索寓言表明了装腔骗人、看起来像别人多么容易。但是那些最靠近我们的人将最终看到(或者听到)真相。关键问题是:我们能看到自己吗?我们能意识到自己的内在声音吗?我们能听从别人告诉我们的东西吗?我们被不适合于自己的角色、职位、或者关系吸引吗？我们是沿着社会或者别人认为应该走的路走，还是开辟我们自己的路？我遵们是从自己的内心吗？

名声是人们认为我是什么，个性是我看上去像什么，性格是我究竟是什么。我们的目标应该是毁掉这三者之间的障碍，直到它们成为一个整体，这意味着由内到外地过我们的生活。

当我们从外到内地过我们的生活时，外表就是一切。别人对我们有什么看法，以及别人想从我们这儿得到什么，变成了我们的指导原则。这意味着我们的自信和自我形象都不受我们的控制。由于受制于别人易变的观点，使我们变成了一个受害者。如果我们仅仅是尽力留下深刻印象，那么我们就失去了自我。

成为领导者的一部分是服务别人，因此我们需要知道别人如何看待我们。然而，如果不是发自强大的内心，不能服务、支持或者引导别人，只是孤芳自赏，那我们只会孤独。在莎士比亚的《哈姆雷特》中，波洛尼厄斯劝诫他的儿子："最重要的是：你必须对自己真实，就像黑夜和白昼，你不能对任何人虚假不实。"

一个当代故事家，电视制片人诺曼·利尔，提供了相似地告诫："首先，要知道你是怎样的人，想成为怎样的人，做你自己，不要迷失自己……做自己很难，因为它意味着不成为别人想要的你（而是成为你自己想要的你）。"

不断地剥去我们是谁的面纱是一种终生的努力，是成为领导的过程。我们自己的内心世界与外层空间一样广阔。与很多代星际旅行者一样，在我们继续退回自知之明的边界时，我们能够"大胆地去以前没有人去过的地方"，继续前行和成长，那我们的旅程将不可限量。

听起来真实

领导是建立在信任基础上的。

诚实和正直

"诚实就是真实、可靠、真诚;

不诚实就是部分地假装、伪造、或者虚假。

诚实表示自重和尊重别人;

不诚实完全不尊重自己,也不尊重别人。

诚实因率真、可靠和坦率存在;

它表现了生活在光明下的天性。

不诚实守寻阴暗、遮盖或者隐蔽,

它是部分生活在黑暗中的倾向。"

——威廉.J·贝内特,《美德书》

7岁的垒手坦纳·芒西接了一个地滚球,试图触杀一名从一垒跑到二垒的跑垒员。裁判罗拉·本森判跑垒员出局,但是年轻的坦纳马上跑到她旁边,说:"女士,我没有碰到他。"裁判本森撤销了她的判决,让跑垒员回到二垒。坦纳的教练将决胜球给了他,作为对他诚实的奖励。

两个星期之后，坦纳在另一场比赛中担当游击手，罗拉·本森仍是裁判，相似地一幕又发生了。这一次，本森判坦纳错过了触杀跑向三垒的跑垒员，并判跑垒员安全触垒。坦纳看着本森，没说一句话，把球扔给接球手，回到自己的位置上。

本森意识到有什么不对劲儿她问坦纳："你触杀到他了吗?"坦纳说："是的。"本森叫跑垒员出局，在本森解释两周前发生的事情之前，对方的教练都在表示抗议。她说："如果一个孩子是诚实的，我就必须相信他。"

诚实和正直是建立信任的关键要素，信任是确立可靠性的关键元素，我们的可信度处于我们影响别人和提供强大领导能力的中心。

在我公司的领导发展实践中，我们通常让参与者列出他们在他们的家庭、学校、社团或者组织生活中遇到的最高效的领导者的品质。像诚挚、真诚、值得信赖、可靠、原则性强以及名副其实一类的词通常出现在清单上。这些特征是强大的领导者的标志。

有许多证据支持作者兰斯·塞克雷坦的信念——"我们正遭受着真相衰落"。在一个关于用贷款将更多的钱投资到共有基金的财务管理专栏中，一位前政治家告诫："如果你的不动产贬值到房屋净值贷款比你的房屋的价值更高的点，那么你能随时闪一边去，然后是银行的问题了。"你对诚实和正直怎么看？他像是一个领导者吗？

我们每天都能听到（或者亲自经历）背弃的诺言、欺骗、"削减的真相"、走捷径、或者没有坚持到底。马克·吐温告诫我们："永远做对的事情，这会让一些人满意而让其余的人震惊。"温斯顿·丘吉尔还说："人是或会绊倒在真理上，但大部分人都会爬起来就赶快走开了，好像什么都没有发生。"

第四章 现实一点

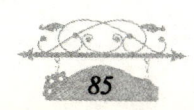

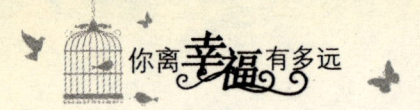

诚实和正直是引用得最频繁的领导价值观，但是一些人似乎认为它是像衣服一样可穿可脱的东西，他们会根据个人、职业或者事务的环境谈及特定的行为规范，如同根据环境穿上了不同的诚实套装一样。这证明了"做诚实"，而不是表现诚实，这只是装模作样地诚实，当然，这在本质上是不诚实的。但是人们很快会看破，并因此将所有我们的行为归因于最低等的诚实和正直——我们最脏的衣服。

这是一贯诚实的一个原因。另外一个原因是"环境形成的诚实"能够造成的内心困惑：哪个是真正的我？易变的诚实怎样听起来真实？

通过测试

我们的真实性格，通常由我们抵抗害怕和贪婪的力量的程度揭露出来。在害怕的时候，我们常常面对巨大的困难和灾难，或者我们可能有巨大的财务、职业、权利或者别的巨大收益的机会。当风险很高的时候，我们如何应对任何一种环境，暴露了我们真实的自我。我们在那些极其关键时刻做出的选择显露了我们性格的深度。方便的时候，或者只是我们认为别人在看的时候，我们"做我们的诚实和正直的事情"吗？或者没有人发现的时候，我们是诚实的吗？

"不要让我再一发现你那样做"，父母和别的权威人物有时会对你这样说。我们也时常会捉弄他们的命令，玩有趣的"如果你能，抓住我"的游戏。但是切记诚实和正直是从内向外发展的。

亚伯拉罕·林肯在回忆他的方法时，这样说到："我尽我所知道的最大可能，尽我自己的最大努力，并且将一如既往，直到产生最后的结果。如果结果表明我所做的是正确的，所有反对我的话将不值一哂。如果结果表明我是错误的，纵使有十个天使发誓证明我是正确的亦是枉然。"

对我们真实意味着超越我们说的或者做的，它包括听从我们内心的声音告诉我们的东西，这些东西与我们所说的或者做的，是息息相关的。

衡量我们诚实和正直程度的方法是，审视我们是否能够始终做到诚实正直，而不虚伪撒谎。因为在这个世界上，即充满着诚实正直的人，也不乏虚伪、撒谎的人，如果我们不能诚实做事、正直为人，那么也会令人鄙视。对不良现象既要鞭挞，更要洁身自好，这才是永远的诚实和正直的做人处事准则。

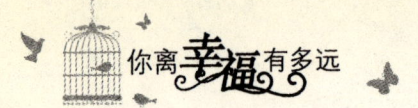

镜像

我们用我们的意图评判自己,别人用我们的行为评判我们。

旁观者的眼睛

"从朋友、同事、配偶和重要人物那里听到"深思熟虑的反驳",允许我们对于他们的看法'校准'我们自己。"

——沃伦·本尼斯和琼·戈德史密斯,
《领导力实践》

一个上了年纪的绅士去看医生,抱怨放屁的问题,他告诉医生:"但是,这对我真的没有太多的烦扰,我放屁的时候,没有臭味,没有声音。"他得意洋洋地说"事实上,从我来到你的办公室里开始,我已经放了至少10次屁了,而你甚至不知道。"

"我明白了。"医生检查的时候回答道。检查完毕的时候,他开了一个处方,交给这个绅士,告诉他:"这些药丸一天吃3次,下周过来复查。"

一周后绅士来了,他惊叫:"医生,我不知道你给我开了什么药,现在我的屁虽然仍然没有声音,但是奇臭无比!"

医生回答道:"很好,现在我们已经治愈了你的鼻窦,下一步我们治疗你的听力。"

领导能力发展的一个非常有用的步骤，就是像别人看待我们一样看待我们自己，因此我们需要了解他们对我们行为的看法。

我们在领导别人，或者与别人一起工作时的效率，很大程度上取决于他们对我们的看法。我们可能不同意他们看到的东西，但是他们的看法是我们的现实。我们周围的这些人有他们认为真实的"我是谁"的看法，他们感知的"真相"变成了他们对待我们的方式，他们的看法组成了他们的部分现实，这种现实是我们关系的现实。

在与个人、团队和组织合作，以提高他们的效率时，我经常发现看法的话题是最具争议性的。例如，我们常常用我们自己的眼睛和价值观界定服务或者质量的等级，但是，这可能不是我们的客户或者同伴界定的方式。没有客观的界定，只有我看到的、你看到的、他或者她看到的现实。

我们的个人看法就是我们的个人现实。人各有所好，每个人形成他或者她自己的观点，无论我们认为此观点多么错误。如果我们打算改善提供的服务或者质量，我们首先需要理解我们为之服务或生产的人如何感知服务或者质量。

如同美丽，或者服务、质量、诚实，或者正直一样，领导是在旁观者的眼中，我用我的意图评判自己，别人用我的行为评判我。我的意图和别人看到的行为可能相距甚远，除非我懂得这点，否则我不可能改变我的行为，或者不可能设法让别人以不同的眼光看待我。当他们没有按照我想要的方式顺应我时，我会陷入他们的现实，并变得非常沮丧。

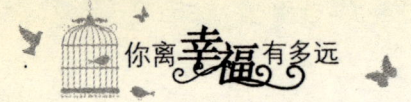

不管别人如何看待我们

从别人那里得到我们的个人行为反馈信息是困难的，这通常伤害我们。真相可以让我们解脱，但是它首先可能让我们感到痛苦。

当我们得到反馈信息时，我们点头赞同肯定和支持的观点，这些观点与我们自己的看法一致。但是一谈到我们的弱点和需要改进的地方，我们就对这些耿耿于怀——通常太介怀了。我们会因为我们已经完成的工作得到十次热情赞扬或者唯一的一次批判性评论，但是就是这一次评论伤害我们，如果我们不小心，我们会让该评论溃烂成自我怀疑和缺乏自信。

结果是什么？结果是：可能改正我们生产力低下的习惯的真理，变成了我们不愿听到的真相。这是人类的本性。阻碍我们的个人成长和使我们一成不变的东西是我们拒绝听到它们的任何消息。作为一位家长或者老板，或者任何类型的领导者，掩饰我们的观点和避开反馈信息太容易了。

为了改进和反馈我们得到的东西，我们自己对各个领域之间看法的差距越大，我们就更可能经历被称为"SARAH"的反应。"SARAH"是用于悲痛咨询的一种模型，是一个首字母缩略词——震惊、生气、愤恨、接受和帮助，也能用于理解我们经历的对批判做出反应的阶段。当我们得到别人看待我们的坦率和诚实的反馈信息时，我们可能震惊、生气和憎恨。但是除非我们承认他们的看法是真实的，否则我们永远不会前进到自立的最后阶段。自立也就是在处理反馈信息时从别人那里寻求帮助，并做出必要的改变。

人类的本性是我们通常能够估量除了我们自己之外的所有人。反馈可能是痛苦的，它是领导发展中的一个主要因素。它帮助我们向别人看待我们一样估量我们自己，看待我们自己。我们可能不同意别人的看法，但是除非我们懂得别人如何看待我们，否则我们不太可能改善我们与别人的关系和提高我们处理反馈的效率。反馈也给了我们从客观角度思考我们行为的机会，它提供了探索我们内心世界的外部视图。

当然，不是所有的反馈都有效和有用，我们最终必须确定什么合适，什么不合适，我们必须选择对我们真实的反馈。

一个古老的故事说，一个人有一次走近佛陀，开始给他取难听的名字。佛陀安静地听着，直到他侮辱完停下来喘气。

佛陀问："如果你给别人东西，别人拒绝了，那么这个东西属于谁？"

这个人回答："我想这东西属于给予的人。"佛陀说："你给我的辱骂和卑鄙的名字，我拒绝接受。"

这个人转身并走开了。

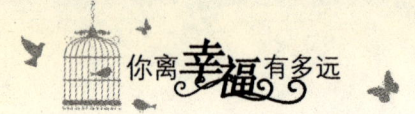

说干就干，付诸行动

领导者没有试图改变别人，而是改变他们自己。
他们变成了别人改变的模范。

以身作则

"我们的愿望一定会实现。"

——圣雄甘地，印度民族主义者和精神领袖，他发展了非暴力不合作实践，在1947年迫使英国承认印度独立。

当我年轻自由幻想无限的时候，我梦想改变这个世界。

当我成熟以后，我发现我不能够改变这个世界，我将目光缩短了些，决定只改变我的国家，但是，这同样是无法改变的。

当我进入暮年以后，最后一次绝望的尝试，我决定只改变我的家庭，改变离我最近的人，可是，哎，他们没有一个改变。

当我现在躺在床上，行将就木时，我突然意识到：如果一开始我仅仅去改变我自己，然后，我可能改变我的家庭；在家人的帮助和鼓励下，我可能为国家做一些事情；然后，谁知道呢？我甚至可能改变这个世界。

这是威斯敏斯特教堂边墓碑上无名氏的墓志铭。

和许多人一样，我通常想我怎样改变我周围的人：我的妻子，我的孩子，我的同事等等，不计其数。但是改变别人开始，改变应从自己开始。

诺贝尔奖获得者物理学家阿尔伯特·爱因斯坦曾经注意到，我们不能用同样的思想方式解决同样问题。虽然相同的原则能够影响和领导我们耳边的人，但是不能用相同的行为影响他人，或者改变他人所做的事情，否则，这种行为会使事情更糟。

我们与我们想要提高或者改变的人一起度过的时间越多，该原则就越适用于我们。我们已经做的某些事情，或者没有做的事情，促成了他们当前的行为方式。如果我们打算改变他们的行为，我们就需要改变我们自己的行为。为了改变他们，我们必须改变我们自己。如18世纪法国作家弗朗索瓦·费内伦所说："我们通常能够通过改正我们自己的错误，而不是试图改正别人的错误为别人做更多事情。"

以这种方式支持这个重要领导原则的东西是众所周知的（并且是错误的），我们能够控制别人的信念，这是一个很容易掉进的陷阱，特别是如果我们是老板、父母、老师、教练、工程指导者、主管或者相似位置的权威。但事实是，只要我们试图通过职权的地位控制别人，我们就会被肤浅层面上的"做我的领导事情"困住。

只有当我们放弃试图控制时，才能够准备好事前进到更深层次的"成为领导"（并因此作为一个领导者而更加高效）层面，然后通过我们所做的事情和我们所说的话，将我们的重点转移到影响和

第四章 现实一点

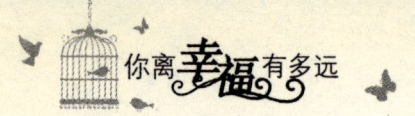

引导别人。

为了创造某物，我们必须成为某物。例如，变成父母是容易的，做父母是困难的。我们不能教给我们的孩子自律，除非我们自己能够律己。我们不能帮助建立强大的组织团队；除非我们自己是强大的团队参与者。

这个永恒的准则几乎适用于我们生活的每个方面。如果我们不是好的邻居；我们不能帮助发展亲密的社团；如果我们不是爱侣，我们不能享受幸福的婚姻。在我们成为支持的朋友或者合作的同事之前，我们不会有朋友或者同事的支持。

在《骚动的心——美国公司中灵魂的诗歌和保藏》中，大卫·怀特写到："当我们做的时候，所有的事情改变了。"乔达摩·乔普拉说过："通过改变我们的信仰、我们的看法，使我们的经历改变，并且以这种方式改变我们周围的世界。当我们掌控了内力时，我们就影响了外力，没有了真正的自我边界或者界限，没有了分开包围我们的世界。"

在我公司的领导发展工作中，我们用简单的联系，来帮助人们理解他们想要在别人身上看到的，以及他们需要在他们自己身上做出的变化之间的关系：

在页中划下一条线，左边一栏标题为"我想要他们做出的改变"，列出四种或者五种你想在别人身上看到的最大的变化。

好了，这是容易的部分。现在将右边一栏标题为"我能证明这些变化的方式"写下你能用你的个人行为影响"他们"的方式，很难，是不是？当然是的，因为它迫使我们承认，所有我们已经做或者没有做的事情影响他们的行为。

这里，成为受害者、责备别人的行为并完全拒绝承担任何责任容易得多，但是诚实和真实怎样？我们可能需要别人更多地反馈信息，想清楚地了解我们在他们行为中的作用。我们可能需要对我们的言行进一步、更深入地反思，我们的领导能力影响指数弱吗？

一个大的（通常是痛苦的）领导问题是："我们需要改变我们的什么来帮助改变他们？"肯定地说，我们可能需要改变性格，而不是仅仅盼望环境的改变，才能帮助、改变和影响他们。

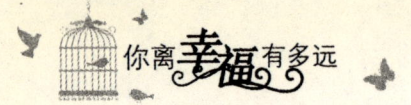

领导者的影响力无处不在

"我们用我们感觉能做的事情评判我们自己,而别人用我们已经做完的事情评判我们。"

——亨利·沃兹渥斯·朗费罗

我们大部分人将以身作则列在重要领导特征列表的显著位置,我们用"言行一致"或者"将视频连接到音频上"一类的短语来表达这种核心领导观念,其实意思是一样的。

当我们在别人身上看到领导力时,我们认识了真正的领导力。但我们通常没有意识到的是,我们自己的行为也是无时不在地如实地反映出来的。比如,不管教了还是没教,孩子的举止都像他们的父母。再比如,对个人成长和发展没什么兴趣的父母会发现他们的孩子不顾老师的鼓励,效仿他们。在工作场所,团队成员的举止像他们的领导者,不管培训了还是没有培训。比方说,如果一个领导者对客户服务冷淡,那么客户在与团队成员交易的时候,也将会经受这种冷淡。

领导者的影响力无处不在,不管是在家庭、团队或组织当中,领导者的影响力都是潜移默化的。作为从属,如果只是停留在那儿,不观察、不学习,一味地追随,是永远不会得到赏识的。

作为领导者，如果所做的只是带着同情看着躺在路上严重受伤的旅行者，圣经故事慈善的撒马利亚人会没有意义。领导者与大部分人之间的最大差别是行动，若要成为一个真正有影响力的领导者不仅要言必信，更要行必果。

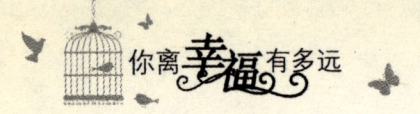

成长观点

- 有两种类型的虚伪：(1) 欺骗别人或者对别人不忠；(2) 欺骗自己或者对自己不忠。第一种类型的虚伪是可憎的，它企图故意愚弄别人。第二种类型的虚伪是可悲的，它是一种自我意识的缺失，是"自我虚伪"。

- 名誉是人们认为我是什么，个性是我看上去像什么，性格是我真正是什么。我们的目标应该是让这三者之间的界线变得模糊，直到它们成为一个整体并相同。

- 诚实和正直是建立信任的关键要素，信任又是确立可靠性的关键元素，我们的可信度处于我们影响别人和提供强大领导能力的中心。

- 我们用我们的意图评判自己，别人用我们的行为评判我们。反馈信息给了我们另一个从别人的角度反思我们行为的机会。

- 这不是改变他们，而是改变我们自己。以改变自己开始，我们不能用促成他们当前行为的相同行为影响别人，以改变别人。

- 如果他们停留在那儿，好意是没有用的。大部分人和真正的领导者之间的最大差别是行动，真正的领导者让行动来说话。

第五章

在生活体验之上

成功的人所做的事情是因为他们心爱的人给与他们激励，这样会使他们更加了解自己。

激情和承诺

"我们最终将死去，真正的悲剧是没有充实地生活。"

"有多少人为你的公司工作?"

"噢,大约一半。"

"我认为你把我和在乎的人混淆了。"

"这个组织中最危险的地方是下班时间左右的安全出口门。"

"工作如同噩梦,我想摆脱它,但是我需要睡眠。"

"我休完了我所有的病假,因此我打电话汇报我已死亡。"

"我已经形成了一种新的哲学:我每次只担心一天。"

"我放弃了所有的希望,现在感觉好些了。"

这些"受害者说"的例子是普遍存在的冷淡和愤世嫉俗的典型,这种冷淡和愤世嫉俗存在于当今社会的各个方面。但对那些选择承担责任的热诚的人不会这样说;有家庭、社团、团队和组织的领导者能力的人也不会这样认为。当然,我们所有人会偶尔旅行到充满遗憾的地方,或者有我们的"怀疑日子"。但是高效的人,也就是领导者对生活有激情,对他们的工作或者事业(通常是相同的事物)有深深的承诺。

激情是爱,它从我们的心中涌出,它是生命的能源,在我们的生命中循环。爱是人类最强烈的情感和精神,能最深地触动和感动我们。

我们有激情,或者我们缺乏激情,体现我们是否在适当的位置上。热衷于我们的工作,那么工作必须使我们越来越接近表达我们真正是谁。"我们是谁"与"我们做什么"连接越紧密,我们的激情和承诺越深刻。当我们喜爱我们所做的事情时;我们永远不要再工作一次。我们需要做更多事情，而不只是得到一份工作；我们需要营造一种生活，让激情和爱承诺。

如果我们未感觉到热爱自己，那么我们就不能激起别人生活和工作的热情。领导魅力和能力直接产生于我们的个人激情和承诺，这些特性决定了别人如何对我们的影响和领导成就做出反应。

我们承诺的深度决定了我们持续战胜阻力的时长。我们的承诺越深刻，我们从中汲取的自律和意志力储藏越深。

内敌

"'棘手的工作'是一个最常被穷途末路的人使用的术语。

根除冷淡和愤世嫉俗。

爱的反义词不是恨,是冷漠。

艺术的反义词不是丑陋,是冷漠。

忠诚的反义词不是异端,是冷漠。

生的反义词不是死,是冷漠。"

——伊利·威塞尔,作家,1986年诺贝尔和平奖获得者

杰克和伊莉莎白70多岁了,热爱生活。他们已经完成了职业生涯,养育了三个孩子,这三个孩子现在也有了他们自己的家庭。没有足够的时间在一天中完成他们想做的所有事情,散步、游泳、旅行、志愿者工作、社团服务俱乐部活动、家庭聚会、业余爱好以及阅读,这让他们非常忙碌。杰克一直在学习一些宗教、哲学和文学的大学课程,伊莉莎白刚被证明为一个优秀的园丁。

当他们能够挤出时间(并且他们感觉能够胜任挑战)的时候,杰克和伊莉莎白试图帮助他们的邻居雷登一家。雷登比他们大约年轻10岁。霍华德·雷登几乎陷入心脏病和无数其他健康问题中,他和他的妻子西尔维娅将他们大部分清醒的时间花在看电视和互相叫骂上,他们的孩子只是常常探望和打电话,目的是感觉他们已经完

成了他们的家庭责任。

与雷登一家的对话主要由倾听他们的痛苦、恶意中伤的闲话、抱怨他们的健康和无聊,以及他们的许多问题和疾病,很多对政府、对他们的孩子和命运的责备的倾泻组成。

与那些60岁、70岁、80岁,或者甚至90岁的乐观主义者在一起是激励人心的,这些人对一些新的冒险或者兴趣感到兴奋。

太多的人让他们的失望和愤世嫉俗慢慢地熄灭他们的生命火花,当他们年长的时候,他们愤愤不平,并精疲力竭。他们的亡魂在还未躺下休息的身体里喋喋不休地说话。看到人们直到退休才投入时间是可悲的,在他们等待时机、等候生命开始的时候,他们憎恨或者只是忍受他们的工作。他们敷衍生活,并慢慢地在这个过程中死去。如果他们退休了,他们留下疑惑:"这就是所有的一切吗?这就是生活所有的东西?"

"你在这里工作多长时间了?""从我的老板扬言解雇我开始。"

太多的人已经在心理上,甚至在身体上退休了,他们仍然工作着。其余人已经辞去了他们的工作,但是仍然走走过场,并领取工资。通常这些是同类的人,他们抱怨没有赋予他们真正所值的东西,而我们应该感谢他们没有被赋予。

在职的退休者将他们的生命浪费在他们不喜欢的"棘手的工作"中,他们不是在营造一种生活,而是在制造一种死亡。他们是奴隶,无论他们挣了多少钱,达到了多么高的地位,或者具有多么大的权力。

蓬勃发展的人和他们成功的职业途径研究显示,他们拥有的工作类型远没有他们是哪类人重要。没有棘手的工作,只有穷途末路

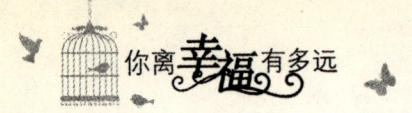

的人。不成功的人在未完成的工作中通常犯这样的错误：认为他们是为了别人工作。

冷淡和愤世嫉俗通常很早就在生命中扎根，如果任其生长到中年，它们会导致痛苦、缺乏精力、健康问题、消沉，以及相关的问题。一次由国家意见调查中心举行的公众舆论民意调查发现，一半以上的成人在20多岁的时候将他们的生命定级为"令人激动的"。一旦人们到了40多岁，这个数量下降到了46%，60岁的时候下降到34%。

艾伯特·施韦策，诺贝尔奖获得者，法国哲学家、医生和音乐家，他强烈地认为："生命的悲剧，是人活着，心里却有什么死了。"随着年华逝去，越来越多的人没有真正地生活，他们仅仅存在，他们陷入他们悄无声息的绝望生活中。"仅仅过得去"与寒冷的冬夜在雪中休息一样危险，它会使我们的激情和灵魂打盹儿，并在我们的睡梦中死去。

摸索着前进

智能是重要的，但是领导者更多地是涉及心灵，而不是头脑。

激情的力量

"对你所做的事情有激昂兴趣的秘诀是享受生活，这可能是长寿的秘诀，无论是帮助老人还是孩子，还是制作干酪，还是培育蚯蚓。"

——朱莉娅·查尔德，美国食谱作家和电视明星

法国人称之为生活之乐，意思是欢乐或者热爱生活。在我的公司里，我们漫长而艰难地用言语努力地表达核心价值观，这些价值观界定了我们想要的组织的类型，激情是我们的四种核心价值观的首要奠基石，这意味着创造一种环境，洋溢着生命的快乐，充满了激情并过得快活。我们发现积极的观点是有感染力的。我们尽力付出，并不断地从我们的工作中得到深刻的意义。

我们用不断增加的深度体验生活，我们滋养彼此的以及我们为之服务的人的心灵和灵魂。

我们一路上庆祝我们的胜利，我们培养表面上看来不自然的（但是是非常重要的）技能，感激和感谢我们所拥有的东西以及我们已经完成的事情的技能和习惯，我们不只是关注有待攀爬未实现目

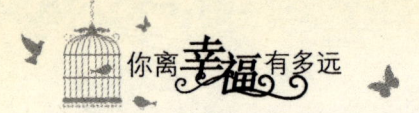

标的高山，我们还定期地欣赏我们到达的有利位置的风景。

我们认为组织、系统、工序和科技服务于人，而不是反之。我们热爱并颂扬生命的丰富，以及我们提供的服务和我们的生活方式中无限的人类潜能。

一位老师正在与她的一年级学生讨论一张全家福照片，照片中一个小男孩的头发和皮肤颜色与别的家族成员不同，一个学生说这个小男孩是领养的，小女孩珍妮插话道："我知道有关领养的一切，因为我是领养的。"

"这对被收养者而言意味着什么？"另一个一年级学生问。

珍妮回答："这意味着你在你妈妈的心里成长，而不是在她的肚子里成长。"

作家和诗人塞缪尔·厄尔曼写到："岁月在人脸上刻下皱纹，缺少热情使一个人的灵魂苍老（现在有一副可怕的画面——想象一下当今世界中所有冷漠的人，大块胶皮一般、皱缩的灵魂）。"热情是一个源自古希腊的词，意为"神在心里"。热情、激情和爱是我们生活的主要动力。当我们与我们的内在心灵相通时，我们感觉最热切地活着。在这些时刻，我们内心的声音在低语："这是真实的我。"

激情和爱是心灵的事情，而不是头脑的事情。由于我们可能喜欢另一种想法，所以我们不是完全理性的生物。

以养育为例，我们许多人经历了这样的时光：似乎决定成为父母是不理性的，甚至是疯狂的，事实上，在那些"怀疑的日子"里，容易理解为什么一些动物吃掉它们的孩子。

人类用思考和推理解决问题并制订计划，但是我们的心灵比我们的头脑更多地让我们前进，大部分所谓的"理性思考"，只是证明行动有理的过程，这些行动从我们的感情开始。我们通常做出"感觉正确"的决定，然后开始寻找"事实"来支持它们。

在许多组织中，通常被称为领导的东西是真正的管理。计划、分析、问题解决、策略、程序改进、目标设定和措施等活动都是至关重要的。它们需要良好的智能，虽然它们重要，但是它们并不等于领导。

领导也是有情感的。领导的感情是由梦想、灵感、刺激、渴望、自豪、关心、激情和爱建造。我们的生活显示了最强领导的领域是我们最喜爱的地方，这些领域包括我们的社团、家庭、组织、产品、服务、爱好和客户。

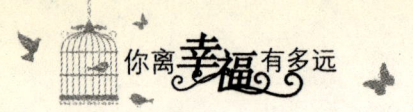

不只是一份工作

当我们对生活充满激情的渴望时,我们就能够停止工作,开始新的生活。

爱的劳动

"我对自我实现的定义是,你弄不清工作和玩耍之间的差别。"

——肯·布兰佳,作家和顾问

多年前,我在一家公司工作,这家公司有一位强有力而充满感情的、聪明的执行总裁,他最喜爱的格言是:"如果你喜爱你正在做的事情,那么你永远不必要再工作。"这些话语的智慧对我有强烈的、持久的影响,我讨厌工作,它真正是一个令人厌恶的四个字母的单词。繁重的工作是我离开家庭农场的原因。无论何时一份工作开始感觉像工作,我就停止了。幸运的是,在过去的30年中,只有几次这样。多年来,我将60~70小时一周的时间投入到我的事业中,但是很少感觉像是工作。

停止工作开始生活,意味着我需要不断地弄清楚在一份事业中什么让我真正感兴趣,以及我想要将我的生命带向何处,然后我需要清楚的理想工作的画面,这份理想工作表现了我独特的天资和性格。

我们的工作是一种职责,或者是允许我们描绘我们更深层自我的、丰富的、有纹理的、肖像的油画。它鼓舞我们,显示出我们最深处的创造力,在我们毕生的工作中,我们能够描绘我们人类的许多方面。我公司的企业家和营业顾问,给美国流行艺术画家安迪·沃霍尔的主张极大的肯定,该主张是"擅长于事业是最迷人的艺术类型"。

许多高薪的专家和富有的企业家不是以变得富裕的目标为开始的,因为他们知道,喜爱钱、名声以及"成功"的人是世界上最可怜和最不快乐的灵魂。如果足够努力地激励他们,许多人最终会获得他们喜爱的财富。但是他们通常讨厌他们的精神贫乏,并与他们的同事和家人一样,鄙视他们自己。

钱财可能是一种强大的工具或者当之无愧的结果,当它本质上是一个目标时,它通常是毁灭性的。当我们做我们喜爱的事情并变得真正擅长于它时,钱也跟着来了。

如果恰当地支付我某物,我知道我在理想的职业中;如果没有人愿意支付我,我乐意免费工作。几年来,我是一个无报酬的演讲者和作家,当然,在这些年的早期,我获得了我所值的报酬。最后我变成了一个"毫无用处的"演讲者和作家,终于我能够收取做我喜爱的事情的费用了。

我曾经掌管一个领导发展讨论组,这个组中有一群大学校长。当我们讨论激情和承诺的时候,达成了一致:当今社会已经抢夺了许多人的职业骄傲。这群领导学者得出结论:大学是这个问题的主要促成因素。它们帮助建立了一个工作等级系统,将许多白领专家

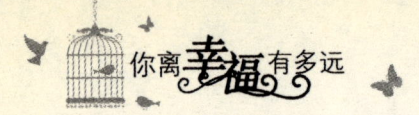

放在蓝领商人和技术人员之前，但是我们所有人都承认，热爱他或者她的工作以及在其工作中不断成长和发展的、技能非常熟练的技工，是比被困在他或者她鄙视的体系中的医生更加强大、更加有成效的领导者。

我遇到过清洁工、保安人员、公交车司机和别的处于低技能、低工资的职位上的人，他们热爱他们所做的事情，为他们的组织和社会做出了突出贡献。如极度激昂的美国民权领导者马丁·路德·金所说："如果一个人的任务是扫地的话，他扫地就应该像米开朗基罗画画、贝多芬谱曲、莎士比亚写诗那样。他扫地扫的如此之好，以至于天地之主都会停下来说，'这儿有一位干的很棒的、了不起的扫地员。'"

当我们不确定我们是否在正确的职位上时，我们所有人都有我们怀疑的日子。但是我们的职业不是工作，除非这些怀疑的日子变得与早晨起床一样平常。当我的工作变成了只是工作时，我丧失了激情；当我宁愿做别的事情时，我需要充满激情地去做它。

生命如此短暂，我们不能向受害者症候群病毒屈服，在无意义的工作中原地踏步，期待并希望彩票中奖，我的神话工作之母奇迹般出现，或者我能够只是在那里坚持下去。有意义的工作远远不局限于我为生活所做的事情，而是它快乐地表现了我利用我的生活所做的事情。

确定目标

谈论变化容易，求新、求变难。

炽烈的承诺

"我生活得越久，我就越肯定虚弱和强大之间、伟大和无用之间的巨大差别是：不可战胜的干劲儿的决心——目标一旦确定，那么要么死，要么胜利。这种品质将尝试这个世界上任何办得到的事情。"

——托马斯·巴克斯顿

在20世纪80年代，美利肯纺织品公司，通过努力、紧张的质量改进，显著地改善了其客户服务、产品质量以及财务状况。作为对它们成功的报酬。它最终赢得了国家质量奖。

为了推动改进过程，办公室和工厂的墙壁都贴上了质量标语，每个人都戴上了金色翻领别针，上面用词语"质量"装饰。一天清晨，在他们努力追求更高质量的最盛时期，执行总裁罗杰·美利肯来了，准备在其中一个制造厂的小组会议上发表演讲。当时刚上完夜班，遇到罗杰的经理问他："你的质量别针在哪儿？"罗杰向下看着他的翻领，拍了一下额头，说："噢，天哪！我一定是把它遗忘在睡衣上了。"

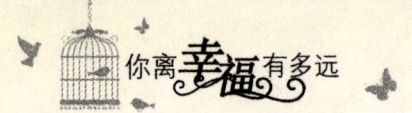

罗杰·美利肯的反应既是极快思考的例子,也是对质量改进目标非凡承诺的榜样!这种对目标的炽烈承诺是充满激情以及高效的领导者的标志。没有漠然,没有对领导者站在那里,以及他或她去哪里的怀疑。正如日益深入的情商研究所清楚地证明的,一种坚定的观点和看穿事情的炽热的渴望相当于几十个智商分数。

艾拉·维勒·威尔考克斯的诗,刻画了在高效的领导者身上发现的充满激情的承诺的精神——

决心

没有任何一种力量能阻挡一颗坚定的心;

天赋毫无价值;

只有决心是伟大的;

所有的东西或早或晚在它面前屈服。

在其过程中,什么障碍能够阻止海洋寻求河流的强大力量,

或者让白昼上升的天体等待?

每一个出身优越的人必须赢得其所值的东西,

让愚人空谈幸运。

幸运

一个人最真诚的目标永不改变,

一个人微不足道的行动或者无作为,

为伟大的目标服务。

这就是,

甚至死亡都站立不动，

并为了这样一种决心而等待一个小时的原因。

在组织世界中，各种类型的所谓的"变化管理"计划都变得非常流行，但是研究不断证明，一半以上的计划都失败了。如同节食和新年决心一样，在一次重要改变努力开始时，兴奋地宣告一个崭新的世界是容易的，但是真正的考验在 12 个月、18 个月或者 24 个月之后。个人、团队或者组织很少像他们在开始时一样极度忠诚于目标。

哪里有正进行的成功的、长期的改变或者改进的努力，你就总能在那里找到高度忠诚的领导者。许多人空谈变化，抑或也对变化表现得非常热情，但是只有少数人实现了从空谈到生活方式改变的飞跃。说和做以及最终的存在之间有峡谷一般的沟堑。我们激情和承诺的深度，决定了我们的投入强度；我们求新和求变的精神，决定了我们的目标愿景。

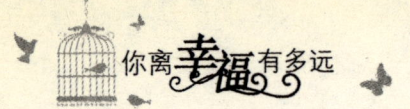

坚持它

成功难得容易和快速,它是一贯的努力和被反复应用的产物。

坚持永不放弃

"不放弃不只是鼓励某人体验艰辛或者困难的一种表达,也是对一心想在这个世界上做好事情的任何人的明智忠告。无论是领导还是激励别人,还是提升自己,或者在事情最激烈的时刻促成一些大的目标,坚持不懈对成功都是至关重要的……由于犹豫、畏缩、动摇、踌躇或者仅仅是不坚持,我们失去了本来可能在世界上得到的许多好东西。"

——威廉.J.贝内特,《美德书》

在1914年,托马斯·爱迪生的位于新泽西州西奥兰治的工厂几乎被火烧毁了,虽然损失超过了200万美元,但是这些建筑物只投保了230000美元,因为它们是由混凝土建造的,被认为是防火的。

那年12月的夜晚,爱迪生的许多毕生的工作在浓烟和火焰中被烧毁了。在火烧得最旺的时候,爱迪生24岁的儿子查尔斯疯狂地寻找他的父亲。他终于找到他了,他平静地看着大火,他的脸在火光反射下通红,他的白发随风吹起。

"我的心为他疼痛，"查尔斯说，"他67岁了，不再是一个年轻人了，所有的一切都在火焰中烧毁了，当他看到我的时候，他大喊'查尔斯，你的妈妈在哪里？'当我告诉他我不知道的时候，他说'去找她，把她带到这里来，如果她活着，她永远也看不到像这样的事情。'"

第二天早晨，爱迪生看着废墟，说："灾难中有巨大的价值，我们所有的错误都被烧完了，感谢上帝让我们能够重新开始。"

火灾之后的三个星期，爱迪生做出了第一台留声机。

不善于坚持常常就是失败的根源。

尽管有书籍、杂志、文章以及五花八门的自助大师的断言，但是没有快速和容易的健康、快乐、富裕、协作或者成功的方法。大部分的"一夜成功"花费了多年的时间达成；大部分的"天赋"是用数千小时的自律训练和实践创造（确实，精通的最终等级在于使其看起来自然）。没有"成功秘诀"，但是，有成功的方法、成功的习惯和成功的原理，而这些都通过自我控制和坚持不懈产生作用。

如同19世纪英国生物学家托马斯·亨利·赫胥黎曾经在大学里就医学教育发表演讲时告诫他的学生的一样："耐性和对目的坚持的价值比聪明的砝码重两倍多。"

我们通常认为成功的人是那些足够幸运获得"基因库"的人，他们选择了优秀的父母，天生具有杰出的才能、智力或者别的天赋，但是我们所有人都知道具有才能，可能更加接近天赋的人，从来没有用他们的能力做更多事情。

许多人在即将达到成功的时候放弃了，当他们离金矿只有几英

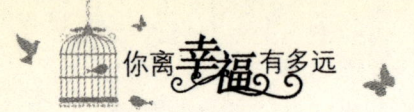

寸的时候，他们常常停止了挖掘，然后他们决定勘探银，开始在新的地方挖掘，变得灰心，就在他们即将实现他们的梦想之前而放弃。

研究已经表明，与同龄人相比，诺贝尔奖获得者大部分通常只有平均水平的智商，但是具有异常高水平的坚持和执著。他们坚持不懈地从事他们的研究或者调查理论，然而这些理论很早就被他们很少坚持的同事放弃了。

特里·福克斯在癌症中失去了腿，为了筹钱用于癌症研究，他开始了被称为"希望的马拉松"的穿越加拿大的旅行，他用一条假右腿，拖着脚跳跃奔跑的方式使他能够走完大约每天24英里的路程。

许多人训练了数月，在单程马拉松（26英里）赛跑中就小题大做；特里用一条假腿一天就跑了近42英里，也没沾沾自喜。

在他的腿部发现癌症以及他不得不放弃赛跑之前，他设法做到了跑143天，完成了3339英里——从纽芬兰圣约翰到安大略省桑德贝。当问及在疲劳袭来，而他前面还有成千上万英里，他如何让他自己走完的时候，他回答："我只是一直跑向下一根电杆。"几个月之后他去世了，他的鼓舞人心的遗产延续到每年特里·福克斯赛跑的日子，还为癌症研究筹集了数千万美元。

法国裔美国外科医生和生物学家亚力克西斯·卡雷尔，因在血管扎线和血管及气管移植方面的贡献获得了诺贝尔奖。他的研究经验让他得出结论："对于那些钻透惰性之石的人而言，生命像间歇泉一样跳跃。"

在放弃尝试之前，我们都不是失败者。正如日本谚语讲的一样，最后的胜利者是那些"永不放弃，跌倒几次爬起来几次"的人。

面对一次1000英里的旅程或者许多年努力的前景可能是令人泄气的。但是也有应对这种令人生畏的挑战方式，那就是将它们分成小的、可做到的部分，是能够达成的。不要想一口吃掉一头大象，那是不可能的（不是说我想象任何人想吃掉一头大象，而是我通常对这样的虐待狂感到疑惑。这些虐待狂无恶不作：剥猫的皮，在开水中煮青蛙……）。

好的习惯助人成功

领导者养成了处理大部分人回避的困难任务的习惯。

严格自律

"性格的基础是自律。正如哲学家亚里士多德所说,品德高尚的生命是基于自我控制的。相关的性格要旨是,无论是做家庭作业、完成工作,还是在早晨起床,都能够激励和引导自己。众所周知,延迟满足和控制并将一个人的渴望引入行动的能力是基本的情绪技能,这种技能在以前被称为决心。"

——丹尼尔·戈尔曼,《情商:它为什么比智商更重要》

20世纪60年代,心理学家沃尔特·米歇尔,在斯坦福大学幼儿园4岁孩子中进行了被称为"棉花糖测试"的实验,测试的目的是评估每个学龄前儿童延迟满足的能力。每个孩子发了一颗棉花糖,他们被告知他们可以立即吃掉它,或者如果他们等到研究人员20分钟之后回来再吃,他们能得到两颗棉花糖。

小组中的一些孩子迫不及待,他们马上吃掉了棉花糖。其余的孩子努力挣扎着不吃,他们遮住他们的眼睛、与别人说话、唱歌、玩游戏、甚至设法睡觉。当研究人员回来时,能够等待的孩子得到了两颗棉花糖作为奖赏。

12~14年后，同一群的孩子被重新评估了。他们之间差别是令人惊讶的，那些像4岁时一样能够控制自己的冲动并延迟满足的人，十几岁时在社交和个人能力上更加有成效。他们的主见、自信、可信赖、可靠性程度更高，并且具有优秀的控制压力的能力。他们的学业能力倾向测验（SAT）分数为210分，也显然高于"即时满足"组的分数。

成功人士，也就是领导者，和那些挣扎着过得去的人之间的关键差别是自律。正如孔子所说："性相近也，习相远也。"成功人士已经养成了做那些大部分人不愿意做的事情的习惯。

然而，如果说自律是成功的钥匙，那么事实是大部分人宁愿撬锁。为了一些预期的收益，很少有成功人士不能放弃即时满足。得过且过和让明天的问题自行解决更加容易，但是，为了未来的投资，我们需要自我控制，放弃即时的快乐。

在《少有人走的路》中，心理治疗大师M·斯科特·派克写到："延后享乐是一个重新设置人生快乐与痛苦次序的过程：通过先面对问题并解决它来增加幸福感。这是让我们活得体面的唯一方式。"他继续将自律和自我关心等同看待："解决人生难题的基本方法乃是自律，缺少了自律，我们什么问题也解决不了。如果能做到完全自律，那么我们就能解决所有的难题。"

自律意味着具有看待长远蓝图并保持事物平衡的想象力，中国谚语说："忍一时风平浪静，退一步海阔天空。"

懊悔会花费好几百个小时，自律只花费几分钟。稍稍的保持缄默胜过许多道歉话语。我们成长和成熟的象征是：通过让我们发怒

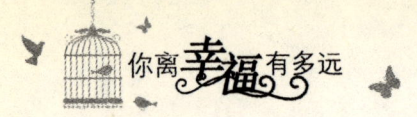

的东西以及我们如何让我们的愤怒表现出来。暴躁的脾气真的能够毁掉我们自己。

我们所有人都需要更多的耐性（并且我们现在就需要！）。我们大部分人想从诱惑中解脱，但是我们又希望与它保持联系。自律是：当我们第一次开始一项任务的兴奋早已过去时，却还保持我们不断进展的东西。

前英国首相玛格丽特·撒切尔夫人阐述了关于自律的重要领导观点："成为开始者很容易，但是你也是坚持不懈的人吗？开始一件工作够容易，做到底很难。"

自律可能成为习惯

"每天或每两天只因为你不愿做而做某事,即便迫切需要的时间逼近的时候,可以发现你没有气馁,并未经训练也经得起考验。"

——威廉·詹姆斯,《习惯》

好的习惯和坏的习惯是极小积累的日常选择,每个选择都是一根细线,与成百上千的小选择编织在一起,最终将这些线结成了结实的缆绳。

如同一个每天长一点点的小孩一样,我们的极小选择在没有多少主意的情况下积累。到我们意识到我们有好习惯,或者有坏习惯的时候,习惯已经控制了我们。

我们的大部分日常选择是无意识地做出的,甚至没有考虑一下就做出了选择。为了改变我们的习惯,我们首先需要意识到它们,然后我们需要从习惯到养成它的日常惯例反向工作。为了改变习惯,我们需要改变这些惯例。

拖延是一个好的例子,将事情拖延到明天是一种受欢迎的节省劳动力的手段。但是,正如喜剧演员费尔德斯曾经说过的一样:"是必须迎难而上并面对现实的时候了。"没有面对艰难的现实通常使这些现实更糟,但是这是一种习惯,我们越是经常拖延,下一次处理手头事情就变得越自然。

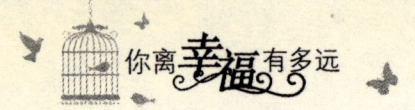

反过来也是如此。如果我们练习首先做所有那些我最想拖延的事情，那么我们发现这些事情并没有我们想象的那么糟糕，而接下来的其他一切事情都更加容易。

我们的自律和习惯源于我们的激情和承诺。我发现当我最不自律以及有最大麻烦养成成功习惯的时候，通常是因为我的心不在它上面。那么，为了激励我自己，我需要找到方法增加我的激情。

多年来我告诉我自己我有多么讨厌清早慢跑，我会咬紧牙关，尽力短跑，因为我知道它对我有益。我对慢跑抱怨如此多，以至于我的同事有一次送给我一件T恤，上面印有一句"跑步借口"。

然后我开始专注于慢跑的所有益处，我把注意力放在我周围的气味、声音，以及风景上，我专心于如何在淋浴之后让我自己觉得精力充沛，以及我在白天有多少精力。我谈论我从训练中感觉到好处，我阅读了有关有氧运动益处的文章，我慢慢地延长了我的跑步距离。

最后，我喜欢上了慢跑，当我在一次滑雪意外（那个时间我痛苦地发现滑雪中最危险的话语是："只要跟着我就行了，爸爸。"）中锁骨骨折时，我仍在慢跑，我的肩膀在上半身的支撑下痛苦地晃动。为什么？一些人说可能是因为我在滑雪山上掉下时严重地撞伤了头。我认为是因为慢跑的习惯控制了我。

激情是领导的关键部分。在《财富》"最受赞赏的美国公司"一文中，托马斯·斯图尔特给出了在任何社会、任何家庭或者任何组织角色中，适用于每个领导者的忠告，他强调了这些领导者如此成功的主要原因之一："在我们的领导者必须做的事情清单中，还有一件事，它就是你的经纪人说投资者不可以做的事情：坠入爱河。有大刀阔斧、小心谨慎、因循守旧和颇具独创性的高级管理人员，杰出的管理者也具有这些特征，但是首先他们要有爱。充满激情，有责任感而又冷漠，一切作为恋人所应该具有的品格特性都会在他们身上表现出来。"

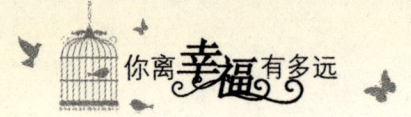

成长观点

- 太多的人让他们的失望和愤世嫉俗将他们的生命火花慢慢熄灭。在职的退休者将他们的生命浪费在他们不喜欢的"棘手的工作"中，他们不是在营造一种生活，而是在制造一种垂死。

- 领导要有梦想、灵感、兴奋、渴望、自豪、关心、激情和爱的特质，要有心灵而不是头脑的特质。当我们与内在的心灵相通时，我们才感觉最热切地活着。

- 我们的工作可以只是一种职责，或者是允许我们描绘我们更深层自我的、丰富的、有纹理的肖像的油画。有意义的工作远远不局限于"我为生活做的事情"，它快乐地表现了我们利用我们的生活所做的事情。

- 对目标的炽烈承诺是充满激情以及高效的领导者的标志。

- 失败由走最少坚持的路线造成。没有"成功秘诀"，但是，有通过自律和坚持不懈应用成功的方法、成功的习惯以及成功的原理。

- 成功人士，也就是领导者，和那些挣扎着过得去的人之间的关键差别是自律。成功人士已经养成了做那些大部分人不愿意做的事情的习惯。

- 好的习惯和坏的习惯是极小积累的日常选择，每个选择都是一根细线，与成百上千的小选择编织在一起，最终将这些线结成了结实的缆绳，并控制我们。

第六章

真心诚意

我们工作的目的是什么?我们生活的目的是什么?只有物质上的成功是不够的,领导者是在内心寻求并发现更多的东西。

精神和意义

"我们作为个人的责任是忠于我们自己的灵魂,而不是出卖给体系。如果我们不能帮助消除我们所处的体系,那么我们必须离开体系并找到更好的机会,即使我们必须创建我们自己的体系来寻找。"

——多萝西·费希尔,"体系相对灵魂",
《重寻事业的灵魂:价值的复兴》中的一篇散文

让我们成为弗兰克（Ⅰ）：我奔故我在

弗兰克是一个快速发展的技术公司的区域经理。在他的区域里，许多大公司是他的客户，他是高级行政官可信赖的顾问。作为其公司的顶级生产商，他被认为是公司成功不可思议的重要贡献者。

弗兰克是一个传奇的"底线"人，他不但"制定他的数量"（通常明显地超过他的目标），而且是一个令人印象深刻的策略家和问题解决者。他在编制预算和业务评审期间展示的简明扼要的分析和营销智能让别的经理羡慕。

他有很大机会向副总裁发展，并最终成为执行总裁，弗兰克有6位数的工资和巨额的绩效奖金、利润分红和股票期权。像填满他更衣室的昂贵的、著名设计师设计的西装一样，他展示他的成功。他开豪华车，住在漂亮的房子里，他带他的家人去异国度假，他拥有一切。

然而最近，弗兰克开始幻想着自杀。

他一直想："我必须缓解难以忍受的压力。"他拼命地消除伴随现在每次新的成功而来的折磨人的空虚。无论他得到了多少，永远都不够。有如此多的东西要争取，而永远没有足够的时间去做所有的事情。紧张性头疼变得更加剧烈了。每天，枯燥无味地工作似乎进展得更快了点。人不再有人性，客户已经变成了收益源，他们的重要性根据他们的销售潜力衡量。公司雇员只是另外一套资源（这些人碰巧有皮肤包裹着），被逼迫得到最高产量。

在最近一次就公司发展的内部不满程度发表演讲的会议上，新的董事长对雇员的抱怨不屑一顾，认为这些抱怨是"永远不会快乐的哀诉者的哭包"的产品。

"我们不能让他们的怨言和悲叹将我们从我们的经营成果中转移开。"董事长宣称。弗兰克打瞌睡了，空虚像饥饿阵痛一样在他的消化道中咆哮。

· 这会是他的最后一次会议吗？

在许多家庭、社团和组织中，精神和意义是失去的环节。他们可以享受物质繁荣，但是生活在精神贫困之中，这就是我们的社会中正激励"意义探求者"的东西，这些"意义探求者"的数量快速增长。我们应该知道我们的生活有价值，我们想产生影响。当我们的工作和我们的生活与我们是谁一致，以及触及到我们为什么存在的核心时，它们变得更加有意义。我们是有人类经历的精神生物。那些我们感觉最爱、最充满激情或者精力的时间是我们最活跃的时间，是我们灵魂歌唱的时间。

在《领先的灵魂：精神的不凡之旅》中，组织顾问和教授李·伯尔曼和特伦斯·迪尔（经典著作《企业文化》的合著者，《企业文化》是1982年普及了组织文化思想的书）总结道："迹象倾向于将精神和灵魂作为领导的精髓。"

家庭、社团或者组织，文化通常被描述为"我们在这周围做事的方式"。有害的文化是无爱、没有激情和没有意义，它有一颗脆弱的心和一个病态的灵魂。健康的文化通过目标明确的存在和参与，是非常有意义的，它具有高能的精神。

一般而言，精神和意义从领导者的内心开始，才能实现从内向外的发展。

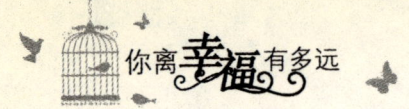

仅仅存在

如果我们没有灵魂、没有爱、没有意义地生活,那么我们实际上根本没有活过。

死胡同

"白日梦是一种进食图像的餐宴,有些人是美食者,有些人是贪吃者,但大部分的人只知从罐头中取出炊熟的图像来囫囵吞食,心不在焉而不知其味。"

——怀·休·奥登,《染匠之手》

让我们成为弗兰克(II):碰壁

特别繁忙之后的一天晚上,弗兰克决定加入办公室几个人最喜爱的围绕在角落里的"酒馆"。希拉像之前许多次一样邀请他,并预料又一次听到"不,谢谢,我今天要做的太多了"的回答。但是这一次不同,某些东西告诉弗兰克他这次应该赞同。

当酒喝到第二轮,谈话转到了公司的发展斗志问题上,他们行业中无情的新对手和巨大的变化迫使每个人紧紧地跟上。公司传奇性的增长率正在下降,令人畏惧的以及以前没被使用的"L

词"——解雇——现在在大厅和餐厅中被窃窃私语。

在谈到成长健康问题和她的家人为她的"成功职业"付出了过高的代价时,琼的声音哽咽了。"可能是时间找另一份工作了。"杰夫大胆地建议。

"什么,放弃公司优厚的医疗和家庭福利待遇?"琼生气地反驳。

弗兰克逃到卫生间,感觉墙壁变得更近了点儿,被困住的感觉又回来了,空虚剧痛在他的胃里面如此用力地噬咬,让他感觉想吐。在厕所其中一个隔间里,有人潦草地写着:"死亡是一种告诉你慢下来的自然方式。"

弗兰克知道,是时间采取行动了。

心理学家亚伯拉罕·马斯洛开发了一种层次体系,描述我们从自我实现的最基本的需要到最高等的需求的进程,自我实现也就是我们的全部潜力的实现。他认为:"当今社会的苦恼、忧虑和动乱是由远低于其能力的人造成的。"

在《世界上最伟大的奇迹》中,奥格·曼狄诺讲述了一个他遇到西蒙·波特的故事,西蒙·波特是一个谦虚博学充满智慧的人。在一次谈话中,奥格和西蒙讨论了人们通过让他们的死魂灵复活,能够在他们自己的生活中实现的奇迹。西蒙解释了这种奇迹的需求:"大部分的人在不同程度上已经死了,他们以这样或那样的方式丢失了他们的梦想、他们的抱负、他们对更好地生活的渴望。他们已经放弃了为自尊而战,他们损害了他们的巨大潜力。他们满足于平庸的生活,满足于绝望的白天和流泪的夜晚。他们只是被关闭在他们选择的墓地内活着的死人。"

我们需要对死亡少一些害怕,而更惧怕空虚的生活。

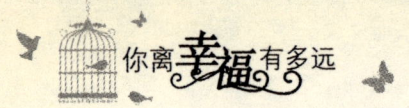

在"大的繁忙"中,组织可能容易丢失它们的精神和灵魂,没有意识到这点,抑或曾经打算这样做,那么它们可能丢失更多。其目标、计划、报告和数量也会落空。在头脑冷静分析的刺目眩光下,柔弱的"使人动心的"情感就像晨露一样被蒸发了。如同像一个非常动人故事的学术性研究一样,分解可以帮助我们理解成果的技术方面,但却忽略了深深触动我们的情感世界。

不管我们在组织中的地位如何,我们都需要做我们能做的每一件事情,帮助改变这些事情。我们要成为解决的部分,而不是问题的部分。但是我们要确保我们没有受害者的感觉,这种受害者是灵魂被掏空的无情的团队或者组织中的受害者。太容易发现我们自己由于工作变得麻木了,这种工作不是充满激情的乐事,而真正感觉像死板的工作。

收益、财富或者职业本身可能变成目标,但并不意味着实现我们更深层次、更有意义的命运。如果我们没有触及到我们的心灵和灵魂,那么我们可能不会意识到我们的生命能源是如何慢慢地被我们的工作耗尽,没有滋养我们的精神并赋予我们更丰富的意义。如果我们不小心,我们可能变成空心的受害者,我们的血液将被吸干。

饥渴的心灵

如果我们没有在我们的生活和工作中看到一个重点，那么需要改变的同样是无意义的。

寻找意义

"人类或者任何生物的生命的意义是什么？你也许会问：提出这个问题有意义吗？我的回答是：任何认为他自己以及周围人的生命毫无意义的人，都是不幸的，甚至应该愧对生命。"

——阿尔伯特·爱因斯坦

让我们成为弗兰克（III）：设法填补空虚

弗兰克开始紧张地寻找应对空虚的方法，他拜访了几个教堂，听各种各样的内心发展和精神团体的启发课，他开始阅读精神、灵魂和个人成长方面的书籍。

一天，他偶然在一篇老的报告中发现了一段话，完全是在说他。似乎作者跨越几十年回忆，在他的生命中点亮了一盏大的"我告诉过你，这可能是结果"的聚光灯。

阅读这篇写于1958年，作为洛克菲勒有关教育报告的一部分的

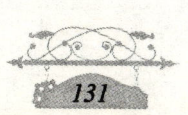

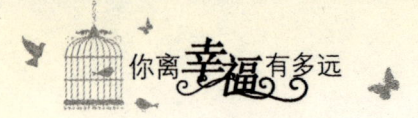

报告时，弗兰克感觉他是社会失败的受害者，他要按照作者这么多年以前发出的警告行动——

"大部分人，年轻的或者年长的，想要的东西不仅仅是安全，或舒适，或奢华，尽管他们都乐意拥有这些，但他们最想要的还是他们生活的意义。如果我们的时代、我们的文化和我们的领导者没有、或者不能给予伟大的意义、伟大的目标、伟大的信仰，那么人们将满足于肤浅而微不足道的替代物。这是一种缺陷，我们所有人都有责任承担，这是我们时代的挑战。"

弗兰克沉思自语："他们没有解决问题，因此现在问题更糟了，为什么继续受折磨呢？"

我们这个时代最大的社会运动之一是社会的意义探索。精神、灵魂和个人发展方面的书籍不断地在畅销书名单中出现，英特网上满是相似主题的网站和讨论组。无数的调查显示，世界上几乎每个社会中的绝大多数人相信一些更高的权力，工作场所中的精神和感情领导的会议已经变成了常事，吸引了成千上万的"意义探求者"。

没有更深刻的意义，生活的变化和繁忙的节奏可能是无法抗拒的、分离的。我们试图领导或者帮助改变的人可能看到许多变化的需求，并最终理解为什么这些变化是必须的。但是除非变化真正地与他们更深处的身心，也就是他们的心灵和灵魂连接，否则他们将仅仅是暂时前进而已。

在《走向深处：在生活和领导中探索精神》一书中，心理学家艾恩·佩希勾勒了非常有用的变化或者发展框架——"PIES"模型。这种模型绘制了对个人、家庭、团队或者组织变化的承诺的深度。承诺的深度表现了变化真正产生持久的影响的可能性有多大。

第一和最表面的一层是政治上的，在这一层面上，外观就是一切。我们做出"政治上正确的"改变，并设法证明我们将"顺应潮流"。往下一层次是智力上的，这里，良好的经营情况或者逻辑论证获胜。事实和分析让我们相信变化有意义，这两层都涉及智力。

　　在第三层情感上，我们论述心灵。变化觉得合适，我们想要让它发生，因为它让我们兴奋。第四层，最深的一层，承诺层是精神上的。我们制造变化，因为它与我们更深层的自我保持一致。家庭、团体或者组织以及其根本目的的管理触及我们真正的灵魂。在这一层上，佩希说："信念和行动之间没有代沟和分隔，代沟被你是谁的真正本质填充了，你和你承诺的目标变成了一个整体。"

参加比赛

绝大多数情况下，我们发疯地从摇篮冲出来，殊不知那会很快地走向坟墓。我们需要在工作和生活中从容洒脱，润泽滋养我们的内心。

忠于我们的灵魂

"每个人都有一种特定的用途、特殊的才能或天赋能够给予别人。你的特殊才能是上帝给你的礼物。发现你的才能是你的责任，利用你的才能是你给上帝的回报。"

——乔达摩·乔普拉，《黎明的孩子：觉醒的神奇之旅》

让我们成为弗兰克（Ⅳ）：追随的路径

在他挣扎着处理他现在称之为他的"被困的空虚"的时候，弗兰克在英特网上偶然发现了一首诗，名为"生命的破折号"。这是前足球运动员和露·霍尔茨的学生写的。弗兰克发现传奇的巴黎圣母院足球教练，由于阅读这首诗终止了许多演讲。诗的关键之处是四行突然出现在弗兰克眼前的文字：

我已经看到了我拥有的墓碑，

但从来没有花时间真正理解它后面让别人看的文字的意义；

在人的名字下标明了出生日期，破折号，以及死亡日期，

但是我思考墓碑越多，破折号就越重要……

思考他自己的"破折号"给了弗兰克一条寻求意义的追随的路径。弗兰克沉思：我不能选择出生日期，并且除非我亲自处理事情，否则我不能选择死亡日期。但是我现在生活得怎样完全取决于我自己，这是我的责任，是我的选择。他问自己：对我而言，什么是真正重要的？我的破折号最终因为什么被记住？我的遗产是什么？谁会在乎？

美国哲学家和诗人乔治·桑塔亚纳曾经说："生和死都无法医治，只有享受两者之间的间隔。"

许多年以来，我帮助训练我的儿子克里斯的棒球队，6月一个温暖的晚上，我们从一次比赛中驾车回家，在我们听着世界上最伟大的棒球队——多伦多蓝鸟队（！）又一次的打败了洋基队时，我把车窗摇了下来，打开了天窗。

克里斯似乎离开到另一个世界中去了，突然他转向我，声音中带着惊叹，说："爸爸，您曾经有过这样的瞬间：您突然恍然大悟，一切都是完美的吗？"我想了一分钟，然后回答说："不像以前那样多了，我变得太忙于触及将来，而无暇享受当前了。"

生命是有限的给予，绝大多数情况下我们的"破折号"变成了疯狂的冲刺，我们风风火火地试图做并拥有一切，我们变成了人类行为，而不是人类。当我们的灵魂饥饿的时候，我们为我们的身体

第六章 真心诚意

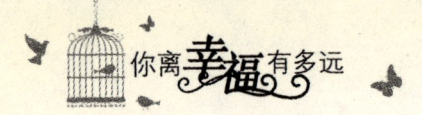

提供所需，却忽视了真正要紧的东西。相比我们的灵魂，我们变得更加忠于自我。

艺术家、作家以及演员通常讨论"发现他们的声音"。他们的艺术变成了他们内心自我的一种表达，过着最深刻和最有意义生活的人是那些发现并利用他们内心声音的人。他们的生命从他们的灵魂开始歌唱。

古罗马诗人霍勒斯提出了一个关键问题："为什么你赶紧移除伤害你眼睛的每一个东西？而如果某些东西影响了你的灵魂，你却将治疗延迟到下一年？"

我们的工作是我们能够忠于我们的灵魂的一种方式。在生命即将终结的时候，印象派画家奥古斯特·雷诺阿手部有严重的关节炎，但他内心的声音不容易沉默，为了继续用他的画表现他自己，他把画笔绑在腕关节上作画。一个朋友问他为什么让自己遭受这样的痛苦和麻烦，雷诺阿毫不犹豫地回答："痛苦是暂时的，但是艺术会持久。"

不管社会认为我们所做的事情多么卑贱或者多么受尊敬，我们的工作都应该是发现并表达我们内心声音的一种重要方法。在19世纪末20世纪初的一次劳动节演讲中，美国总统西奥多·罗斯福说："生命所提供的最好奖赏就是：有机会为值得做的事情辛勤工作。"

我的工作是我破折号的一部分，如果它只是我敷衍了事的工作，那么我让我自己不幸，并让我的灵魂饥饿。如果我在我讨厌（或者只是忍受）的职位上，不以我所做的事情的特点为傲，那么我内心的声音患上了喉炎。

当我们的工作是我们更深层次的生活召唤的一部分时，我们全身心投入工作。我们的工作变成了我们使这个团队、这个组织以及这个世界变得美好的付出，因为我们走过了这条路。这个时候我们所做的事情变成了我们是谁的一种有意义的表达。

第六章 真心诚意

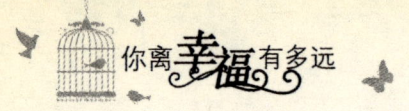

展现我们自己

领导者能够分享爱,这种爱在他们的家庭成员、同事以及组织成长的过程中的深深的渴望中表现出来。

爱的许多方面

"个人是整体的一部分,在有限的时空内存在,我们把这个整体称为'宇宙'。他的经历是他个人的经历,并把他的思想感情看成是有别于他人的,这是一种障人眼目的错误认识。对于我们来说:这种错觉如同一所监狱,它使我们囿于个人的需求,只关爱离我们最近的几个人。我们的任务是必须挣脱这种束缚,扩大同情心的范围,关爱全部的生物,以及自然界的一切美好事物。"

——阿尔伯特·爱因斯坦

让我们成为弗兰克(V):豁然开朗

橡木书房在温暖的阳光中沐浴着旭日的粉橙色光辉,与弗兰克曾经经历过的任何景象都不一样。它与生命一起脉动,当闪耀的色彩拥抱着他的时候,弗兰克感觉他的身体溶化成了无数小块儿,在整个房间里飘荡,与光共舞。他感觉他多年未曾感觉到的能量和顿悟迸发了。房间似乎永远地扩张下去。慢慢地，他的身体似乎物化并回到了他的椅子上，然后他内脏中的真空急速敞开，并被迷人的光彩填满。

在过去几个月中，弗兰克为了学习和努力思考（他从来没能让他疾驰的思绪安静），已经开始了在黎明之前起床的习惯，正如这类书中最新的一本一样，这天早上他继续读斯科特·派克的杰作《少有人走的路：爱、传统价值观和精神成长的新心理学》，他在重要的一段下划了线："我这样定义爱：为了滋养自己或者别人的精神成长，展现自己的决心。"

弗兰克想："多么奇特的思考爱的方式。"他一直将爱看做是一种温暖的友情、特别的亲密、炽烈的激情或者性欲。他继续读："因为我是人，你也是人，爱人类意味着爱我自己，也爱你，献身于人类精神，意味着献身于我们的民族，而我们是民族的一部分，因此这意味着献身于我们自己的发展，也献身于'他们的'发展。"

在思考他读过的段落的时候，他凝视窗外，让他的思绪环绕在他周围，弗兰克的书滑落到了地板上，就在这个时候光影闪烁开始了。

他曾经认为他爱他的妻子黛比，他们结婚12年了。他们最大的孩子是8岁的瑞秋，4岁的乔尔是家里的宝贝。数月来，黛比和弗兰克第一次真正地谈话发生在上周，黛比规定了他们分居的条件。生活变得如此忙碌，他们分离到他们各自的、孤独的生活中。

在他们谈话期间，黛比告诉弗兰克，他们认识多年的一对夫妻的婚姻突然破裂了，丈夫只好在一天夜里整理行装并离开了家。黛比讽刺说：如果弗兰克做相同的事情，她会要过6个星期才注意到。

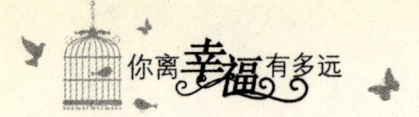

破坏他们婚姻支柱的东西是黛比对弗兰克与米歇尔的办公室恋情的怀疑。但是黛比不会去阻止,因为弗兰克很快做出了可信的解释。她告诉弗兰克,她能为米歇尔想出的最好的报复方法就是让她拥有他。

由于将爱看做是为了自己或者别人的精神成长而展现自己,弗兰克意识到他没有真正爱黛比或者孩子们。他所想的东西是为了爱米歇尔,是真正的贪求。在那天早晨的光和顿悟闪现时,弗兰克突然懂得了他不能爱别人,因为他不爱他自己。他不关心其他任何人的成长和发展,因为他内心的成长和发展被阻滞了。他的被高度赞赏的成功和地位的干劲儿是一种逃避。他试图用外部的繁忙填补他的生活,战胜他内心的空虚,是时间改变了。

像领导一样,爱有许多方面和形式,这两者都是人的状态,蔑视简单的定义或者任何公式。钢琴家阿图尔·鲁宾斯坦描述爱的一面:"我热情地参与生活:我爱它的变化,它的色彩,它的运动。活着、能够看到、能够散步、有房子、音乐、绘画,这全是奇迹。"

当作家和讲师利奥·布斯卡利亚谈论他裁判的一次竞赛时,他概述了爱的另一面。竞赛的目的是找到最乐于助人的孩子,获胜者是一个4岁的孩子,他的隔壁邻居是一个上了年纪的男人,这个男人最近失去了他的妻子。在看到这个男人哭的时候,小男孩走进老先生的院子,爬到他的腿上,只是坐在那里。当他的妈妈问他对邻居说了什么时,小男孩说:"没说什么,我只是帮助他哭。"

高效的领导者爱他们的工作或者生活的组织、社团或者团队。他们的爱在看到组织、社团或者组织成长到其全部潜力的深深的渴望中表现出来,领导者爱与他们一起工作的人,以促进他们的成长和发展。

这并不意味着我们总是喜欢或者同意每个人。正如亲戚在一起一样，我们通常不会挑选邻居、队友、老板，以及类似的人。他们中的一些人不是我们邀请吃饭或者选择作为朋友的人，但是，领导者热爱他们组织的更长远目标，并看到组织的产品或者服务促成了他们热爱的更大的世界。这种为了成长和发展的热爱和渴望延伸涉及到每个人身上。

从我们自己开始

别人的爱以自己的爱为开始。我们的爱是看到别人成长和发展的渴望开始，并将它持续我们自己个人的成长和发展中。如果我们没有引导有意义的生活，那么很难帮助别人发现意义。如果我们没有感受到与更大的目的或者人的联系，那么难以使别人联合。精神和意义是一种内心的工作，内心的成长是我们精神上重生的部分，我们的灵魂渴望它。

现在我们正进入到内心的、精神成长的阶段，这是新的领域，但是正如那些工业革命中的一部分人一样，我们只是得到了令人敬畏的力量和令人激动的新世界的细微的迹象，在今后几十年中，内心的革命将为我们打开这个新世界。

处于从属中心的领导

居中的领导者不断地探索内心世界。他们从他们的心灵和灵魂中汲取向外的领导力量。

从内向外生活

"通过改变我们的信念、我们的看法,使我们的阅历改变,并以这种方式改变我们周围的世界。没有自我的边界或界限,没有与包围我们的世界的隔膜,当我们征服了内部的力量时,我们就影响了外部的力量。"

——乔达摩·乔普拉,

《黎明的孩子:觉醒的神奇之旅》

让我们成为弗兰克(Ⅵ):发现内心的声音

"成功"的代价太高了,弗兰克决定放弃他的工作。那个早晨他在他的书房中经历的觉醒,帮助他意识到他需要在杀死自己之前从超速的跑步机上下来。但是他真正想要什么?弗兰克已经将他成年的大部分时间花费在追求社会定义的成功上。他的成功是什么?他最重视的是什么?他想去哪里?他的目的或者存在的原因是什么?

弗兰克将数周时间花费在全力解决这些问题上,他开始坚持写个人日记，记录他的思想和感情。他希望这能帮助他更多地了解他自己并理解什么对他是真正最重要的。他意识到他的价值观变得集中于财富、职业成功以及个人赏识上。

在努力思考他想要什么价值观来营造他的生活之后，弗兰克最终确定了他的真正重点——家庭、连续的个人成长、财政保证和一份与他的灵魂连通的工作。确定个人目的或者存在的原因特别难，但是不久就能得到难以找到的答案。正如弗兰克在他的日记中所写的一样："我在这里学习如何成长并丰富我的内心生活，我将设法帮助别人做相同的事情。我将通过把孩子们养育成为有用的人，做产生作用的、有意义的工作，并巩固我的社团，为国家和社会做贡献。"

弗兰克理想的将来也开始成型。他一直喜欢文学和现场戏剧表演（但是近年来他没有时间享受这些），他开始向往搬到一个小镇，这个小镇以其戏剧和夏日佳节而闻名。由于知道小镇和戏剧如何苦苦奋斗，他用其优秀的营销才能帮助苦斗的社区复苏。他去小镇旅行了几次，看房子并研究其发展潜力。

弗兰克还面临婚姻问题，他的婚姻是个大麻烦。首先他向黛比承认他的外遇，并与米歇尔停止交往。可以理解，黛比还是生气并受到了伤害。他们开始咨询婚姻治疗专家，但是这似乎对修补他们之间的巨大裂痕没有多大帮助。

在其中一次针对他们未来日益增多的痛苦的讨论中，弗兰克逐渐明白他和黛比在计划他们的假期以及买车和卖房上面花费了太多的时间，而不是将时间用在共同计划他们的生活上。因此他建议他们一起努力确定他们理想的未来的共同愿景，弄清楚他们的关键价值观，并设法写一份个人陈述。

弗兰克从分享他最近获得的搬到戏剧小镇的主意开始，黛比耐心地听着，她沉默地坐着，当他讲完时，她发怒了："你的艺术气息戏剧和小镇生活的明信片风景是难以置信的自私！你曾经有没有想过我不愿意放弃我的事业和离开我这儿的朋友？孩子们怎么办？你真的认为他们想被逐离家园，因此你可以扮演英雄——小镇的大人物吗？"

弗兰克以同样的方式回应。他能像曾经从其他人那里得到的一样，还以同样多的怒火和憎恨言语。但是在他的心里，他知道她是对的。几天之后，当他们都冷静下来时，弗兰克和黛比在另一次一起研究他们理想未来的共同愿景中又发生了争吵。

这是棘手的工作，许多他们很久之前就应该处理的被压抑的挫折和问题终于爆发了。有时他们不得不停止讨论并分道扬镳，但是几周过去后，他们可能分享的未来的愿景成型了。现在的问题是，他们能够重建他们的关系并修补他们之间产生的巨大裂痕吗？

想一想你认识的特殊的、强大的领导者，他们可能是经理、团队成员、教师、家庭成员或者社团领导。很可能他们的特色之一是他们的强烈的自我意识。

领导者知道他们是谁（或者不是谁），知道他们想去哪里，以及什么是真正最重要的。他们关心别人的观点，但是他们不会尝试取悦别人和温顺地担当别人想要他们担当的角色。作为真正的领导者，他们不会从外向内引导他们的生活，而是从内向外来引导他们的生活。

有意地做

领导的挑战，甚至说是领导的义务，是帮助别人关心他们是谁以及他们做什么。

领会我的意思

"领导的一个必要因素是影响和组织目的的能力。"

——沃伦·本尼斯和琼·戈德史密斯，《领导力实践》

让我们成为弗兰克（Ⅶ）：到达另一边

弗兰克已经克服了他的"被困的空虚"，他拥有了新的希望和目的意识。他充满了活力，生命值得存在。

弗兰克也明白篱笆另一边更绿的草，通常是阿斯特罗草皮。他意识到放弃他的工作并搬到节日戏剧小镇只是一种逃避。黛比和孩子们会非常高兴留在原处。正如黛比一天晚上说的："我们可以搬到别的房子里，或者获得别的工作，但是我们的问题会把它们自己栓在移动的行李车上，并与我们一起迁移。"

他们做了许多额外的工作，建立了信任，他们或许可以挽救他们的婚姻。他们都赞同努力是值得的。

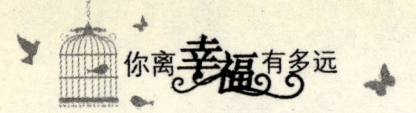

弗兰克也开始意识到他多么喜爱和相信他的公司提供的产品和服务。它们正对成千上万人的生活产生影响。

如果公司没有保持高的质量和服务水平，飞机和计算机系统会崩溃，医院手术室会变得黑暗，汽车会出故障，工厂会降低产量并变得没什么效率，不知何故每个人都忽视了这点。

重点是即时措施，例如日产量、销售量、费用控制以及预算。当然，所有这些都是必须的，但是这没有足够深入。预算没有拨动心弦（虽然略去预算目标可能会导致一些经理心碎），经营计划没有触及灵魂。

弗兰克知道只有人与人联合起来才能提供深刻和令人满足的意义。他努力工作，帮助他的团队重新与他现在感觉的目的和意义意识联系起来，他们专注于客户、组织产品和服务对他们的生活产生了什么影响。他鼓励亲自拜访和探望顾客，他把客户带到集会和规划会议上，商讨他们如何使用公司的产品和服务。

我们能从弗兰克的故事中得到什么呢？一旦他与更深层的自我相通，他就重新将他组织中的人和他们的愿景、价值观和目的联系起来了。他在集会和规划会议上不断地重申它们。他在他们周围建立了感激、赏识和庆祝。他把聘请和晋级与他们联系起来，他甚至帮助公司将他们的领导发展规划拓展到包括角色介绍、个人反馈以及指导如何坚定精神和目的。弗兰克仍然有很长的路要走，但是他正开始重新结合每个人的心灵和灵魂。工作和生活的乐趣克服了忧郁焦虑。

在我的咨询公司中，我们通常将几组人聚集到一起，得到他们对优势和劣势、改进机会以及类似的东西的观点。一天早上我向一组非常安静地生产和服务的人问了一系列这些问题，我得到的回答非常少，费了九牛二虎之力，毫无进展。最后一个坐在房子后面、双臂交叉、头发斑白、经验丰富的人说："詹，我认为你把我们与在乎这些的人混同了。"

假设我们在乎这些，那么领导挑战（甚至义务）是帮助别人在乎，而如果我们不在乎，那么我们在错误的位置上。在当今的环境中，这是领导的最艰难的方面之一。这在一定程度上是普遍存在的受害者症候群病毒的症状——可怜而又微不足道的自我综合征的绝望和无力。

愤世嫉俗也在肆虐，像流行的连环漫画（以及相关书籍）一样，除了组织生活消极的一面，没展现任何东西，并将所有的经理画得像装模作样的白痴一样。整个文化可能被这种意义的缺乏和空虚传染。

裁员和解雇也减少了忠诚和承诺。如果我们不能帮助别人变得更加忠诚于组织，那么我们至少能帮助他们坚定对组织目标的承诺。这包括使人们的个人目的和价值与团队或组织更深层的存在原因协调一致。

在我的公司里，我试图用下面的价值宣言表达这种必要的领导元素：

我们在这里是为了让世界变得更加美好，我们首要的目的是在彼此的生活和那些我们为之服务的人的生活中产生影响。我们保持一条健康的底线，提供财务实力和稳定性，但是钱不是我们的主要重点。我们知道如果我们很好地服务于我们的顾客，并有效地管理我们的业务，那么利润是我们的报酬。

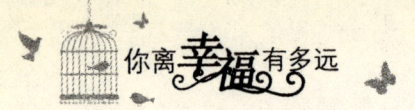

蜂王释放出一种化学物质，让蜂群保持在一起。这被称为"蜂的精神"。尽管是一种诱人的想法，但我们很少有人能像蜂王一样绝对悠闲地坐着。我们需要像工蜂一样工作。

这是一个平衡问题：当我们将我们的工作贡献给我们的团队或者组织的时候，我们也需要贡献出意义或目的意识。不管我们的正式角色是什么，我们都需要帮助树立团队的精神，这种领导能力来自于我们自己的内心。我们不但需要贡献出我们感觉的精神和意义，而且更需要引领我们的心灵和灵魂。

成长观点

- 我们这个时代最大的社会运动之一是对社会意义的探索。我们想知道我们的生命是有价值的,我们想要起作用。

- 有害的文化是无爱、没有激情和没有意义的,它有一颗脆弱的心和一个病态的灵魂。健康的文化通过目标明确的存在参与有意义的事件,它具有高能的精神。

- 生命是有限的给予,绝大多数情况下我们的"破折号"变成了疯狂的冲刺,我们的工作是我们破折号的一部分,当我们的工作是我们更深层次的生活召唤的一部分时,我们全身心投入工作,这个时候我们所做的事情变成了我们是谁的一种有意义的表达。

- 领导者热爱他们组织的更长远目标,并看到组织的产品或者服务促成了他们热爱的更大的世界。这种为了成长和发展的热爱和渴望延伸涉及到每个人身上。

- 居中的领导者不断探索他们内心世界并从他们的心灵和灵魂中汲取外部领导力量。这是他们带给他们的家庭、团队或者组织的精神和目的的源泉。

- 如果我们在乎(如果不在乎,那么我们在错误的位置上),领导挑战是帮助别人在乎。我们需要帮助树立团队或者组织的精神。

第七章

从人生阶段到人生之路

我们防御成为变化的受害者的最好的东西是什么？是每天成长和发展，是改变我们自己，并在这个过程中领导别人。

成长和发展

"进步，意味着让事情落在我们后面，它的重要暗示让成长的真实想法完全模糊了，这意味着把东西留在我们心里。"

——吉尔伯特·凯斯·切斯特顿，《幻想对狂热》

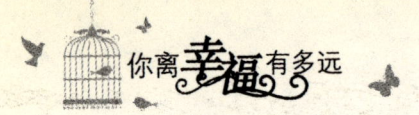

一天早上,马蒂正驾车穿过街区去上班,这时乘客座椅上突然出现了一个妖怪,妖怪问:"你的第三个愿望是什么?"

马蒂太震惊了,她几乎撞到了灯杆上。在靠到路边停车之后,她生气地瞪着妖怪,简直是喊叫着:"在我还没有第一或者第二个愿望的时候,我怎么能得到第三个愿望啊?"

妖怪平静地说:"你已经有两个愿望了,但是你的第二个愿望是让我把所有的一切恢复到你许下第一个愿望之前的样子,因此你不记得了,因为一些都是你许下愿望之前的样子,你只有一个愿望了。"

由于上班要迟到了,马蒂想了想她繁忙的生活,脱口而出:"好吧,我不相信这个,但是为何不可;我希望我的世界可以慢下来,不要前进这么快,我希望我们生活在安乐街上,我希望工作中、家中以及我们的社区中有更多的稳定性和安全保证,我希望生活更加可预料,而事物不是一直改变的。"

"有意思,"妖怪说,它答应了马蒂的愿望,永远消失了,"这也是你的第一个愿望。"

我们需要当心我们想要得到的东西,我们恰好可以得到。受大众欢迎的的安全、稳定以及可预测性的目标是致命的。我们离这些危险的目标越近,我们的成长就越受到阻碍,我们的知识就越被减少。在当今快速变化的世界中，如果我们没有改变，那么我们将被改变。

例如，拿"工作安全"的概念而言，它听起来当然是诱人的，但是它能将我们拉入腐烂和腐败的、有毒的沼泽中。我们在工作中变得越安全，我们就越可能变得停滞不前，一成不变。高度的工作安全意味着我们越来越少感觉到成长、发展和学习新技能的紧迫。记住，变化是不可避免的，变化最终会影响每个人的工作，将那些没有准备的人作为受害者留下。具有讽刺意义的是，正是"工作安全"最常把我们领到灾难性地滑向将来的处境中，而确实没有什么安全保障。

真实和持久的安全来自于不断的成长和发展。我们不能控制变化，但是我们能成为变化的机会主义者。我们个人成长和发展的速率越快，我们就越可能控制意料之外但仍在我们前面的机会。

为了征服变化和营造一种更深入成长的生活，我们需要学习人生之路，而不是人生阶段。

领导者是不断成长的。尽管在财务计划中，一个重要原则是"先自己付款"，但是，高效的领导者将他们的至少 10% 的时间专用于个人成长和发展中。

实现成长和发展的第一步是拥有如此做的渴望。许多人（以及组织）似乎认为他们能够跳过这一步，他们想收获成长和发展的收益，而不种下个人成长计划的种子，用强大的学习习惯给它施肥。

最后，正是从他们自己的成长和发展中，领导者帮助（或者引导）别人成长和发展。这是技能（做）和价值（存在）的作用。我们越重视（爱）别人，我们越关心他们的成长和发展。

但是我们不能让别人成为我们自己没能成为的人，个人成长受阻碍的父母很难养育他们的孩子学习、发展和成长，正如在工作场所中，成长有缺陷的经理或者团体领导者不可能发展学习和成长的团队或者组织。发展别人意味着发展我们自己。

腐烂

没有什么比墨守成规更危险。

衰老

"最致命的错觉,是固定的观点。因为生命就是成长和运动,固定的观点杀死任何有这种观点的人。"

——布鲁克斯·阿特金森,普利策奖获得者,新闻记者

伊西多·艾萨克·拉比是一个澳大利亚裔美国籍物理学家,由于其在核科学中的贡献,他获得了诺贝尔物理学奖。他曾经被问及如何成为一个科学家,拉比说每天放学后他妈妈会与他谈论他的教学日。相比他所学的东西,她对他"今天问一个好的问题"更感兴趣。她鼓励询问并对年轻的伊西多所做的事情好奇。拉比解释说:"问好的问题让我成为了科学家。"

像伊西多·拉比一样,许多人在学校期间经历了相当大的成长。当他们的形式教育结束的时候,也正是这种询问法使人成长和发展。

当我们将学习看做人生阶段而不是人生之路时,我们容易困在我们自己的观点中。随着我们个人的成长速度减慢以及时光的流逝,

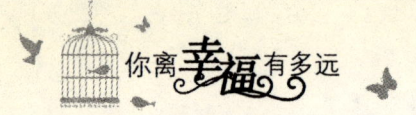

我们可能变成那些自称无所不知的粗野的人之一（并且我们所有人忍受他们的陪伴），这些人有许多答案，而问题很少。接近中年的时候，我们可能以我们宽广的心灵交易场所与我们的细腰告终，我们可能变得如此心胸狭窄，以至于我们不得不垂直地堆积我们的想法。

随着年龄的增长而成长与简单地变老之间有天壤之别。随着年龄增长而成长能变得明智，但是大多数情况下变老独自到来。对于停滞不前的人而言，变老是冬天，但是对于成长中的领导者而言，变老是收获的时节。

不是所有的经历都相等，经历不是发生在我们身上的事情，而是我们用发生在我们身上的事情所做的事情，成长经历和停滞经历之间有很大的差别。

也许我们年复一年地工作并投入到时间中，但是这并不意味着我们通过经历而取得进展。我们可能只是完成了提议，如同日复一日走相同的路线一样，很快我们对沿途的风景变得麻木，我们墨守成规。

个人的成长、持续的改进以及毕生的学习……这些对于许多现代人而言是颂歌，但是善意通常不会转化成行动。我们很难承认我们已经进入稳定性和确定性的死水中。如同体重增加一样，它是逐渐发生的，直到有一天我们注意到我们的身材变得多么走样。

考虑一下下列停滞的迹象，看看它们是否听起来相似：

- 我们一直这样做。我们不质疑我们的臆断，经常不思考我们现在应该怎么做事情。

- 我太老了，不能改变。在文森特·巴里的《狗吃了我的家庭作业》

中，这种认知借口被描述为"一些年长者在他或者她的权力影响之内，对拒绝很好地承认和承担态度、行动以及环境责任的社会认可。"他继续写到："这也是一个人不认真地在其剩余的时间里活着之前的垂死。在这点上，'我太老了，不能改变'是指我们所有人通过拒绝改变而拒绝生活，因为'改变是成熟，而成熟是继续永久地创造我们自己。'"

- 丢失了孩子般的好奇心。我们的惊奇和探索意识被愤世嫉俗和漠然代替了，通常被表示成"在那里，做那个事情，还有什么是新的。"巴勃罗·毕加索，历史上最多产的画家之一（20000多幅作品），曾经说："每个孩子都是一个艺术家，问题是一旦他长大，如何依旧是艺术家。"

- 严格地用我们自己的经验来学习。通常，从别人那里借鉴经验比仅仅从我们自己身上学习更好，这不但痛苦更少，而且是一种更快的学习方法。书籍、研讨会、辅导、网络之类的资源，以及团体问题解决，正是我们能从别人的经验中学习到的能够利用的东西。

- 成为习惯的生物。非常容易陷入将我们从新的方法和学习中隔离的常规中。我们的想法可能成为重复的陈词滥调、平庸，以及教条的牺牲品。在《人生的悲剧意义》中，西班牙哲学家米格尔·德·乌纳穆诺写道："养成一种习惯就等于不再是过去的自己。"

- 拥有所有的答案。1852年，法国艺术家尤金·德拉克洛瓦在他的个人日记中写到："平庸的人有适用于所有事情的答案，并对什么都不感到吃惊，他们总想有比你即将告诉他们的事情了解得更好的神态，一副有能力的高傲的表情是这类性格的自然伴随物。"

- 沾沾自喜地满足。只有平庸的人总是处于他或者她的最佳状态，如果

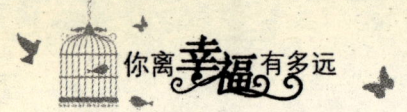

我们变得对我们的专长和技术水平感到非常自在，那么我们的学问就平庸起来。我们也不会足够地拓展和挑战我们自己，我们的舒适空间变成了自满区。

- 害怕尝试。我们知道海龟只是通过将头伸出来前进，而我们坐着并梦想某天我们打算做什么，如果我们采取稳定的步骤通向我们的梦想，那么围绕我们的自满区的墙壁会变得越来越高和越来越厚。

- 有模糊的重点。我们的成长和发展应该将我们带到某处。如果我们不知道我们想去哪里，我们为什么而奋斗，或者我们为什么在这里，那么任何经验和学习途径将有模糊的重点，我们只是四处流浪，希望获得最好的结果。

向前和向上

我们只能在变化中控制它,或者我们能够通过正在进行的发现过程为它做准备。

一直在成长

"在急剧变化的时代,未来属于不断学习的人。不坚持学习的人通常只能生活在不再存在的世界。"

——埃里克·霍弗,《对人类境况的思考》

汉克有所有的答案。在他自己的心里,他是一个传奇人物,一个非常有经验和博学的高级技术人员,人们时常运用他的分析能力。似乎没有他不能解决的技术或系统问题。但是,汉克对不太有学问的人没什么耐心,他像"杀死愚人"的剑一样使用他的技术诀窍,这些"愚人"没有听从他完美的思维方法,如果愚人们想要任何聪明的主意,他会将剑给他们。

由于动乱很快在许多方面打击了公司,公司正在进行各种各样的改变和努力。这些改变和努力包括专注于客户需求和提高服务水平、跨部门团队、工序改进、领导才能发展以及整个企业的计算机

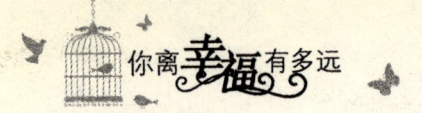

系统结合。

由于其惯常的尖酸挖苦,汉克错过了公司的大部分努力。"如果我们足够长时间地低调,这一切都会过去。"他喜欢说俏皮话,"我以前已经一圈又一圈地在桑树丛中旋转,因此许多这类管理时尚就如同我壁橱中的领带,如果我等待的时间足够长,那么它们会恢复流行的。"

吉利恩是一个非常博学的高级技术人员,她与汉克一道工作。他们年龄相同,开始来公司的时间也大致相同。她对汉克的迅速理解力非常尊敬,从他那里学到了很多,并继续从他的技术专长中汲取知识。

但是吉利恩的问题解决方法很少依赖于分配的快速回答,而依赖于开始一种提问过程。她不断地问为什么,并挖掘到更深处,理解根本的技术、过程,或者涉及到的人类问题。她似乎有无法满足的对各种各样主题的好奇心,在工作中和工作外都是如此。她不断地阅读、上网浏览、学习课程或者与其他公司的同行建立工作关系。

吉利恩的座右铭是用她说的亨利·福特的引用概括的,她的座右铭被放在她的办公桌上:"任何停止学习的人都是老的,无论是20岁还是80岁。任何一直学习的人保持年轻,生命中最大的事情是保持你的心灵年轻。"她支持公司在挣扎中的改变和改进倡议,因为她知道它们对满足打击他们产业的变化需求多么关键。

伊万诺是汉克和吉利恩的经理,他要做出一个恼人的决定。作为公司主要组织变化的一部分,他和他的副总裁同意部门需要重组和相应缩减。这样,将不能同时有汉克和吉利恩的办公室。

"我们与我们的变化规划斗争,因为它们只是规划,而不是人生之路。"副总裁说,"我们得更深入,我们必须为了不断地学习和改进改变我们的文化,我们需要以剩下的高级技术人员为中心建立集中的、快速的以及灵活的部门。"不需要关于这个人可能是谁的讨论,他们都同意吉利恩是公认的选择。

伊万诺担心他与汉克之间可能发生吵闹,他也对他感到抱歉。因为其严格的思想定势、贫乏的人际交往能力以及对世界的传统观点,汉克可能很难找到别的工作。

吉利恩已经证明,而汉克发现得太晚了:我们明天要成为的人取决于我们今天变成的人。如果我们继续做我们一直在做的事情,那么我们将继续得到我们一直得到的东西。为了到达别的地方,我们需要成长为别的人。

如果我们对我们喜欢的将来和我们朝向这个将来成长和发展有一副清晰的画面,我们到达那里的可能性会急剧地增加。如果我们是电视迷,那么除了我们的沙发,我们可能不会在生活中走得更远。如果我们是"电脑迷"(互联网寡妇或者鳏夫将理解这个术语),那么我们可能浪费我的联机计算机时间或者明智地花费这些时间。成长或者腐朽分别是来自于我们选择的学习习惯或者停滞的直接结果。

著名的古希腊数学家欧几里得被雇佣教授一个年轻的、急躁的埃及王室后裔的几何课程。王子是一个动机不明的学生,他尤其抵触在进入实际应用之前,学习基本原理和理论。

他问:"没有你能够直接说到重点上的更简单的方法吗?作为王储,我不应该被期待处理这种琐碎无用的小事。"

　　欧几里得的反应注定被各个时代的老师们译述:"对不起,没有学习的捷径。"

　　容易将学习看做是一种最终结果,而不是一种正在进行的过程,我们一旦得到了毕业证、证书或者工作,一切都太自然地放松并感觉我们现在应该享受我们劳动的成果。这里存在着一个致命的陷阱:将学习(或者变化)看做是一个阶段,而不是人生之路。

　　不断地成长、发展以及对变化的适应性来自于毕生的学习。正如19世纪英国神学家和评论家约翰·亨利·纽曼曾经所说:"成长是生命的唯一证据。"如果我们没有在成长,那么我们就像一颗垂死的树,变化之风最终将折断我们腐朽的树干,并将我们吹散。

　　如同一天捐献几美元给一个投资基金一样,学习的习惯是每天逐渐积累的,我们投资到这个基金中多少钱以及我们在哪里投资将决定我们最终变得多富有。

　　苏格兰作家塞缪尔·斯迈尔斯用其19世纪的畅销书《自己拯救自己》创建了现代自助学科,在书中,他写道:"商人习惯于引用格言'时间就是金钱',但是时间远不只是金钱,它的适当改进是自学、自我修养以及性格的成长。每天浪费在琐事或者懒惰上的1小时,如果用于自我修养,可能在未来几年中让一个无知的人变得聪慧,并被雇佣到好工作中,让他的生活富有成效,并在善行的收获中死亡。每天15分钟致力于自我修养将在年末的时候感觉到。"

经验教训

在学习的过程中,意外和错误通常是我们最好的老师。

成功的失败

"为了倍增成功的几率,要倍增失败的几率。"

——汤姆·沃森,美国国际商用机器公司创始人

一天下午,在苏格兰高地的一个小酒馆里,一群渔夫聚集到一起,在喝啤酒的时候交换故事。其中一个渔夫张开双臂,展示跑掉的一条大鱼。正在那个时候,一个服务员端着满是啤酒的玻璃托盘走过,渔夫的粗野手势使托盘猛地撞到了墙壁上,黑色的啤酒溅洒在酒馆的白色墙壁上,并开始顺着墙壁流下来。服务员和渔夫试图擦掉墙壁上的污渍,但是留下了一片难看的黑色暗斑。一个从另一张桌子上看到了整个场景的人平静地走到墙壁前,从他的口袋里掏出一支淡棕色蜡笔,开始素描。整个酒馆的人在寂静的惊叹中看着,如同一只有巨大的展开鹿角的威严的公鹿魔法般地在暗斑周围成型了一样。这个艺术家是埃德温·亨利·兰西尔,19世纪英国顶尖的动物画家。

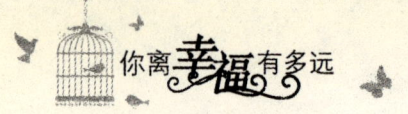

许多发现和突破是由意外造就的。事实上,创新的历史是一长串最终通向更大成功的失败。在这些失败中,你会找到许多名称,像百事贴、派热克斯炊具、果冻、冰棍、随身听、救生员、可口可乐、橡皮泥、克里内克丝面巾纸、李维斯牛仔裤、创可贴、玉米片以及数以千计的更多的名称。每天都发生了意外的创新和无计划的应用。它们中的很少一部分不断地发展成有成效和有用的东西。但是那个时候发明家和公司可以将他们的"快乐的意外"转化为资本,因为他们是对他们之前始料不及的机遇反应最灵活和最灵敏的。正如19世纪自救先驱塞缪尔·斯迈尔斯所写的一样:"我们通常通过找出我们不会去做的事情来发现我们要做的事情,一个从来没有犯错的人可能永远不会有发现。"

分类广告

"降落伞出售。只能用一次,从未打开过,有小污点。"

当谈到跳伞运动,如果一开始我没有成功……我的担心结束了。

很少有学习经验是这样致命的。但是,有学习缺陷的人像对待他们自己一样对待许多新的经验。害怕失败是创新和学习的巨大杀手。在《针锋相对》中,威廉·莎士比亚写道:"疑心生暗鬼,却步丧良机。"

如果我们打算继续成长和发展,我们必须接受尝试某事和失败观点。比起不做任何事和成功,这将让我们走得更远。生命不是伴随任何担保发生的,没有什么东西是确定的,没有什么事情是肯定的事情。

由于很少抓住机遇和不去尝试新的事物，我们会减少失败的风险，我们也会减少成功的机会。正如英国作家凯瑟琳·曼斯菲尔德告诫我们的一样："冒险！冒任何风险！不再计较别人的观点，不再计较那些声音。为你自己做世界上最难的事情，为你自己尽力。"

我的咨询公司的四个核心价值观之一是"高度成长和发展"（您可以访问我们的网站：www.clemmer.net 阅读别的价值观）。以下是我们如何表现我们彼此的期望以及我们对考虑加入我们团队的人的期望——

我们是陡峭连续的个人发展曲线上永不满足的学习者，我们有主动学习和反思性学习的好的平衡，主动学习来自于探索、寻找、创造和实践。反思性学习来自于从日常的工作压力中抽出时间回顾我们的个人、团队以及组织改进活动进展的程度如何，并且计划进一步的变化。我们是组织改进、领导力发展和个人效率领域中的热心的领导者、研究者和学生。

我们是高度创新和非常机敏的。我们制订短期计划，但是用战略上的机会主义作为我们学习新产品和新服务的途径。我们的发现之旅意味着我们正在进行中的、永不停息的寻找轨迹上，一直拥有充足的试验、指引和实践，这将让我们更加接近我们的梦想和目的。我们分享正起作用的东西以及没有起作用的东西，非常坦率地互相配合，以发展我们的团队和共同的知识和经验。

"根据空气动力学理论，正如可能轻而易举地用风洞试验证明的一样，大黄蜂是不能飞的。这是因为其全部幅翼相关的身体大小、

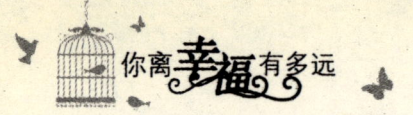

重量和形状使飞行不可能。但是大黄蜂不知道这些科学真理,不管如何继续飞行,每天只造一点点蜂蜜。"

(摘自一个制造厂中发现的旧海报)

多年前,我看到了这个至理名言。它是我的最爱,因为它刻画了不断学习的领导者的另一个重要特征:他们拒绝被"约定俗成的智慧"困住,或者拒绝被别人所说的是不是可能困住。

高效的领导者反对可能性,或者只是对它们不予理睬,这是传奇的发明家查尔斯·凯特灵称为"聪明的无知"的特征。在许多他的关于创新的教导中,他提供了这样的有用的成长和发展的观点:"研究,除了一种思想状态外,什么都不是,出去寻找变化,而不要等待它到来。研究,对于实事求是的人而言,是把事情做得更好的一种努力,思想的研究状态适用于任何东西——个人事务或者任何行业、大的或者小的事情。"

教练的困境

领导者预见他们自己的局限以及别人的局限,他们使人们发展成他们能够成为的人。

通向成功

"真正的大师不是拥有最多学生的人,而是培养了最多大师的人。真正的领导者不是拥有最多追随者的人,而是培养了最多领导者的人。"

——尼尔·唐纳德·沃尔什,《与上帝交谈:一次不寻常的对话》

我在一到三年级表现得相当好,尤其是阅读上表现得特别好。后来,在四年级中,我有一个极让人讨厌的老师,她使上课时间变得如此不快和乏味,以至于她几乎导致我退学(我本来想等几年公开的)。但是在五年级和六年级,我被韦斯特曼夫人的培养教化了,我深深地记得在我向全班读了一篇作文之后她说的话:"某天我不会因为在一本书上看到你的名字而惊讶。"

多年来,她鼓励的言语在我的潜意识中酝酿,帮助我看到了我自己的新潜力。20年后我的第一本书,《贵宾策略:卓越业绩的领导技能》出版了。

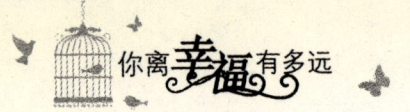

将第一册中的一本赠与她是真正的乐事,我在书中题了一句暖心的谢谢之语。她的家人和当地的报纸确保她获得了她完全值得拥有的赞誉。

大部分人将别人看做与他们一样的人,领导者将别人看做他们可以成为的人,像韦斯特曼夫人一样的领导者预见了当前的问题和局限,帮助别人看到他们的潜力。这是他们自己成长和发展的一个重要部分。

在帮助别人成长和发展的时候,我们也继续成长。这是成长和发展两部分循环的第二部分(第一部分是我们自己的成长和发展,因为如果我们自己的成长受阻,我们不能发展别人)。这两部分相互依赖,相互支持。当我们发展别人的时候,我们发展我们自己。通过发展别人,我们进一步地发展我们自己。这允许我们更进一步地发展别人……成长循环螺旋上升,永不停歇。反之也是正确的。如果没有发展我们自己和别人,我们的成长和发展循环将向下旋转。

发展别人

发展别人的技巧是帮助他们自我发现的技巧。伽利略在 15 世纪以这种方式表述:"你无法教会一个人任何事,你只能帮助他自己去发现。"正如古代中国哲学家老子所说:"优秀的领导者用很少的动作做完事情,他们不是通过许多言语传授指令,而是通过一些行动传授指令。他们随时了解一切,但是几乎不去干预。他们是催化剂,尽管如果他们不在,事情不能被很好地完成,但是当他们成功时,他们没有受到赞扬，正因为他们没有受到称赞，信任从来没有离开过他们。"

在工作场所，经理们通常被认为是对帮助雇员成长和发展负有责任的。传统的管理观点是用人把工作做完，但是强大的领导者用工作发展人。

作为经理、团队领导者，或者团队成员，如果我们没有真正懂得我们试图去哪里，那么我们不能对发展别人有很大帮助。一旦我们理解了，我们就能工作，使他们的发展目标和团队或者组织的发展目标一致。它们并非总是一致的，但是一般情况下，将它们带到一起不是太难。

相似的方法适用于有孩子的父母这种领导角色。我们能够表现给我们的儿子和女儿的最深的爱是：帮助他们发现他们的独特目的和他们的特殊才能。如果这些目的和才能与我们可能希望他们拥有的梦想不一致，做到这一点可能特别难。尽管如此，我们的领导任务是帮助他们成为他们能够成为的人，而不是如果我们在他们的位置上，我们想要他们成为的人。

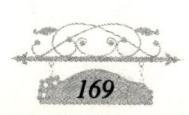

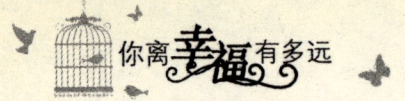

后天培养

大多数情况下,领导者是拥有平常才能的普通人,他们只是将这种才能发展到非凡的水平。

生来就是领导?

"与神话相反,只有少数幸运的人能够不断地破译领导的奥秘,我们的研究已经证明领导是一套可观察到、可学到的实践,它是普通人从他们自己和别人身上展示出最好的东西的过程。释放每个人心里的领导者,意想不到的事情会发生。良好的领导力是一个可理解的普遍的过程。"

——詹姆斯·M·库泽斯和贝瑞·Z·波斯纳,
《领导力挑战:如何在组织中保持完成非凡的事情》

在任何领域,精通的最终水平是使其看上去自然。这是为什么这么多人相信成就来自于获得基因库的重要原因,要么你天生享有基因库,要么没有。无疑,少数的运动员、演员、艺术家、音乐家或者领导者在没有真正尝试的情况下,似乎确实成功了,但是更多的人——你可能认识一些——具有极大的自然禀赋,而用它做很少的事情。

领导者通常是具有平常才能的普通人,他们将这种才能发展到非凡的水平。例如,篮球超级明星迈克尔·乔丹甚至不能组成他的高中团队。但是他用努力和决心,最终将他的技能发展到传奇水平。

正如马克·吐温曾经所说:"准备一次优秀的即兴演讲通常花费我大约三周的时间。"我们没有看到世界级演员投入到他们工作中的无数小时的实践和研究,当我们看到最终的演出时,它看上去如此自然。我们叹息:"他们如此幸运。"

我这样说可能很不准确:"我没有选择成为一个伟大的演员、运动员、作家、音乐家……"这是完全合情合理的。普通人变得卓越所需要的集中程度和重点远远超出了我们大部分人愿意付出的代价。通过对我们自己说:"我不善于演讲或者写作,或者面对问题,或者科学技术,或者准时……"屈服于受害者症候群病毒更加容易。

英国历史学家爱德华·吉本曾经注意到了许多人像丢弃运气一样丢弃的特殊特征:"风和波浪总是在最好的航行者一边。"我们的发展是我们的选择,我们积累的选择要么让我们准备利用出乎意料的机遇,要么它们将削弱我们的能力,并让我们成为变化的受害者。我们的领导力发展选择将我们举起或者使我们下滑。

学会领导

天性与教养辩论继续在领导发展领域流行。我们很容易被那些有吸引力的罕见的个人弄糊涂,这些人是所谓的天生的领导者。用一些更加著名的领导者的书籍和文章掩饰他们的缺点、性格怪癖、

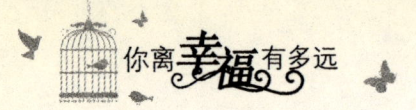

疑虑以及实现他们高水平的成就中的问题并没有什么帮助。

沃伦·本尼斯已经研究了人类成就的各个领域中的成百上千的领导者，写了20多本书，他是南加州大学领导研究所的教授和创会主席。本尼斯得出结论："有时读伟大的领导者的传记，仿佛他们带着一种卓越的遗传禀赋进入世界，仿佛他们的未来领导作用是预先注定的。不要相信这个，真相是：如果存在学会基本欲望，领导力的主要才能和能力是能被学会的。"

古希腊雄辩家德摩斯梯尼举了一个我们如何能够选择成为领导者的鼓舞人心的例子，面对马其顿人的占领，作为一个演讲者，尽管有严重的演讲缺陷，他还是用他非凡的能力将他的同胞们召集到一起。他通过学习将卵石放在嘴里如何说话克服了这种天生的局限。在跑步或者爬坡的时候，他通过背诵演讲和诗篇来训练他的嗓音。为了迫使他自己待在字里面学习和练习，他剃去了一半头发（当然，现在这可能使他成为时尚世界的领导者）。

另一位伟大的雄辩家，罗马政治家和哲学家西塞罗，大约比德摩斯梯尼晚100年。他提供了领导力发展建议，该建议与公元前50年应用得一样多。他将"忽略思维的发展和改进，并且不养成阅读和学习的习惯"列为人性的另一个最严重的错误之一。

休息一会儿

忙碌与有效是不相同的,无论生活变得多么繁忙,花费在考虑我们成长进步上的时间是非常值得的。

深思和重生

"像哥伦布那样,探索你内心的新大陆和新世界,为了思想而非贸易开通新的航道。"

——亨利·戴维·梭罗,《瓦尔登湖》

在18世纪,两个探险家为了找到传说中的穿过北极圈,横跨北美洲上部,连接大西洋和太平洋的西北航道,与他们的船一起出发了。两个人都知道第一个发现这个难以找到的通向中国和印度的航道的人会得到名望和运气。

船长约翰·史密斯是鲁莽急躁的。他认为速度是打败他的对手船长亨利·琼斯赢得比赛的关键。船长史密斯和他的船员在满是冰的水中创下了时间记录。他们很少查阅他们的航海图和地图,他们只是快速地读六分仪上的数字来标出他们的位置。他们没有时间或者耐心注意这类细节,因为他们太忙于驾船了。

同时,船长琼斯和他的船员保持着轻快的步速,但是定期花时间检查他们的进展,以防那些巨大的、海图上未标明的水域中很少有信息可以利用。他们还研究洋流和图上标出的风向。船长和他的高级船员经常集会,共同利用他们的信息,讨论一切意味着什么,并决定他们应该往哪个方向前进。

如果船长史密斯看到了琼斯的系统化方法,他会尽情地大笑。他领先于他们数百英里,挤出了大量时间。但是有一个小问题:他陷入了致命的困境中。他在海航线深处冒险,这里看上去像一条开阔的航道,一条琼斯本来可以告诉他是死路的航道,在这条航道里海洋即将冰冻,这条航道是大西洋中最阴郁、最荒凉的地方。

但是琼斯没有意识到他的对手即将到来的厄运。他和他的船员稳固地向前航行。当海洋冰冻的时候,他们在一片被很好地保护的区域上过冬,这里有大量的食物供给。第二年他们找到了太平洋以及他们的名望和机会。

快速的船长史密斯和他的船员再也没有听说过了。几十年之后,他们冰冻的尸体和破碎的轮船被别的绘制这片区域地图的探险家发现了。

这个虚构的故事阐明了我们与个人、团队和组织一起工作,试图前进到更好水平的成就中反复遇到的严重问题。这是用定期后退的方式平衡日常生活和活动的速度和节奏,确保我们朝正确的方向前进的问题。

匆忙中无处可去,这是已经伴随了人类几个世纪的不变的领导力问题。随着变化节奏的加快,更加容易陷入这种由来已久的将

"繁忙"与效率混同的陷阱中。如同太忙于砍伐而不能停下来磨快斧头的伐木者一样,我们被卷入到匆忙的节奏中,这可能将我们带到错误的目的地。

正如英裔爱尔兰剧作家奥斯卡·王尔德在1981年所写的一样:"我们生活在过度劳累和受教育水平不足的时代,生活在如此匆忙,以至于人们变得极其愚蠢的时代。"100多年之后,匆忙愚蠢的传统在继续。如果我们没有密切注意,我们可能陷入低着头全速奔跑的状态,我们可能跑到没有出路的路上并右拐到一个悬崖上。我们太忙于奔跑,而没有看看路标或者停下来看一眼地图。

后退、暂时停止工作、评估我们的方向和效率、反思我们的进展与一个骄傲的人探寻方向一样罕见。这里有各种各样的观点,证明了深思对成长和发展多么重要——

其他所有人的最优秀和最好的忠告、最好和最挣钱但是最不熟练的广告是研究和学习如何懂得我们自己,这是智慧和通向好的途径的基础。

——皮埃尔·查伦,16世纪法国哲学家,《智慧》

为了理解世界,我们逐步地锻造我们最伟大的工具——反省。我们发现别人可能看起来非常像我们,了解我们邻居心性的最好方法是了解我们自己。

——沃尔特·李普曼,普利策奖获得者,美国新闻记者和作家

反省是智慧的学校。

——巴尔塔萨·葛拉西安，17世纪西班牙作家

我们用自知之明为内心世界奠定了基础，在内心世界里，我们不是机会和运气的奴隶。

——文森特·巴里,《狗吃了我的家庭作业：
个人责任——我们如何避免以及该做什么》

反省是成为领导者的首要关键，领导者必须自我引导和自我反省，必须听从他们内心的声音，并从他们的价值观和梦想中得到启示。

——沃伦·本尼斯和琼·高德史密斯，
《领导力实践：成为领导者的操作手册》

成长观点

- 受大众欢迎的安全、稳定以及可预测性的目标是致命的。我们离这些危险的目标越近,我们的成长就越受到阻碍,我们的知识就越被减少。

- 真实和持久的安全来自于不断地成长和发展。我们不能控制变化,但是我们能成为变化的机会主义者。

- 我们的发展是我们的选择,这些积累的选择让我们准备利用出乎意料的机遇,或者削弱我们的能力并让我们成为变化的受害者。我们的领导力发展选择将我们举起或者使我们下滑。

- 我明天要成为的人取决于我今天成为的人。为了到达别的地方,我需要成长为别的人。

- 许多发现和突破是由意外造就的。能够将他们的"快乐的意外"转化为资本的发明家和公司,是那些对他们之前的始料不及的机遇反应最灵活和灵敏的人。

- 在帮助别人成长和发展的时候,我们也继续成长。大部分人将别人看做与他们一样的人,领导者将别人看做他们可以成为的人。发展别人的艺术是帮助他们自我发现的艺术。

- 随着变化节奏的加快,我们容易陷入这种由来已久的将"繁忙"与效率混同的陷阱中。我们可能被卷入到匆忙的节奏中,这可能将我们带到错误的目的地。

第七章 从人生阶段到人生之路

第八章

在运动中投入激情

无论是在家里还是在工作场所,领导者不会用奖励和惩罚来激发别人。为了激励他人,他们会先激发自己。

激发和激励

你永远不知道,
什么时候某人,
可能从你身上抓住一个梦想。
你永远不知道,
什么时候一个小小的词,
或者你可能做的某事,
可能打开,
寻找光明的思想之窗。
你的生活方式也许一点儿也不重要,
但是你永远不知道,
它可能有关系。

海伦用尽了主意,她已经尝试了几乎所有办法使她的两个孩子帮忙做家务。她最大的孩子塔尼娅14岁,贾斯汀11岁,看上去像灰尘包裹的噪音。当他们更小的时候,海伦还能通过实施严厉的规矩或者用威胁和惩罚来让他们做他们的工作,随着孩子们对这些方法变得免疫,海伦放下了棍棒,开始在他们面前用物质奖励诱惑他们。

她曾经开发了一个"星号系统",包括将一个金色的星号贴在冰箱上的他们成功地完成的每个家务活儿旁边。当他们积累了足够的星号时,她用款待、现金奖励或者特别的旅行的方式奖励他们。但是奖励的效果逐渐消失,海伦不得不变得越来越具有创造性,想出新的奖励计划。最后,这些都被证明是必败之仗:塔尼娅和贾斯汀继续失去保持房屋清洁和完成他们家务的兴趣。海伦发现自己不断地对他们唠叨和喊叫,以完成家务,而他们似乎并不关心这些。

与海伦在家中的挫败同时发生的是办公室里相似的境况:这里,她也开始注意到她的团体需要各种越来越多的酬谢计划和财务奖励来保持他们的积极性。每当引入一种新的补偿方案或酬劳计划时,团队的能量水平就会增加,业绩会改善。但是很快兴趣会减退,能量会减弱,业绩会又一次下滑。似乎每个人越来越对"我能得到什么好处"感兴趣。成就的自豪、满意的客户、团队合作以及起到真正作用的意识逐渐消失。

"奖励和惩罚是同一枚硬币的两个面吗?"她问自己,"如果是这样,那么一枚硬币似乎被用得越多,它的价值会变得越小。"

海伦的质疑和观察是对的。太多的人尝试着用不同的害怕或贪婪的组合动员和激励别人,这是懒惰的出路。这些都是肤浅的方法,通常导致了严重的长期的问题。

在我公司的咨询和领导力发展工作中,我们通常被要求用"如何"方法来提高士气和动力。但是低动力或者低士气是更深层问题的征兆。问题来源于被害者症候群、不可靠的领导能力、低级的激情和承诺、灵魂和意义的缺乏、微弱的能量水平、价值错位或者模糊的重点的组合。

当然,人们应该被公平地支付。利润或者受益分享计划是建立伙伴关系和所有制的有效方法。但是为了激励别人,用奖励(或者惩罚)来领导,通常被看做是对他人的控制,它降低了为自己的回报而工作的价值,它剥夺了工作的意义。

有效激励的关键是营造高能的环境,增加鼓舞并激励人们行动的经验。这是困难的工作,没有"切割"计划能够被投入来完成这项工作。

杰克·韦尔奇一直普遍被认为是他的时代中最有效的公司领导者之一。作为通用电气的执行总裁,他把公司转变成了世界上最大的、最赢利的以及最有活力的公司之一。韦尔奇以领导力发展享誉全球,他简单地说:"如果你不能激励别人,那么你不能成为一个领导者。"他阐述了一种极其重要的观点。大多数情况下,许多所谓的领导者通过离开房间的方式激励别人。高效的领导者激励别人,是用他们的干劲儿激励别人行动。

我们既是干劲儿问题的一部分,也是其解决方法的一部分,没

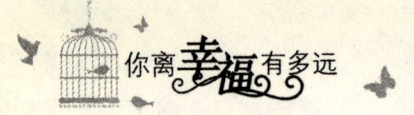

有中性区。我们既是给别人能量的纯贡献者，也是能量的纯接受者。我们需要向那些试图领导或者影响他人的人询问他们的能源领导力。把变化强加于别人身上，并克服他们的阻力，比协作工作以建立变化合作关系容易得多。

许多激发和激励别人的最重要的因素包括赏识、认可、感谢以及庆祝。这些因素产生了成功的感觉，这种感觉是使人入迷的。我们所有人都想要感到自己是赢家，我们所有人都想要感觉自己正在进步，并且都想被人注意到。

我们的口头沟通技巧也在我们如何能有效地激发和激励别人中起到极其重要的作用。还有一个重要因素是参与和团队合作，因为为了共同的目标一起工作是非常需要激励人心的。

更高的目标

长期、有效的激励,使人战胜恐惧和贪婪。

动力神话

"正是终极管理的幻想能够激励人们。"

——彼得·斯科尔特斯,团队效率顾问和作家

在环球营业 6 年之后,哈里·科恩在 1924 年成立了哥伦比亚公司,在接下来的几十年里,他用铁腕手段来管理公司。作为一个专横的人,他的形象被他一直放在他的书桌附近的马鞭加强了,这条马鞭是为了破解重点的。科恩的"动力"体制在任何工作室中都产生了最具创造力的营业额。在 1958 年他的葬礼上,一个旁听者说:"1300 个葬礼参加者不是来告别,而是确认他真正死了。"

一些父母想要他们的孩子独立,条件是他们做被告知的事情。一些经理想要他们的人被允许,条件是他们遵照指示。

我们所有人都了解并相信"动力"是让别人执行他们命令的所谓的领导者。他们以在士气提高之前会继续解雇的哲学为生,只做你被告知的事情,并看起来像你正享受它。这些形式的"动力"是

基于畏惧和强迫的。如果惩罚足够强大，检查足够严厉，那么将导致它们顺从。

人们会遵守这些规则并执行命令。但是仅此而已，干劲、创造性和额外的努力是最小的，所有权和承诺也一样。激情暴君和独裁统治者，唯一创造的是恐惧、憎恨和渴望报复。

我曾经看过一副 Farcus 漫画，对我而言，这副漫画总结了动力神话的问题。一个经理被画在会议桌前面，向她的部门发表演说，说明文字是这样写的："我们需要提高士气，你们哪个傻瓜有好主意吗？"

经理问题的主要原因看上去非常明显，她只需要照照镜子就知道了。但是这种显而易见并不是一直这么明显的，根本原因和征兆不断地被混淆。经理将低士气看做一个待解决的问题，而不是看做更深层问题的迹象。这些更深层的问题明显地包括她对她的人员的藐视以及她强力的个人风格。她的方法与一个汽车技工报告的相似："我不能修理你的刹车，因此我让你的报警器声音更大一点儿。"

由于动力和士气问题，征兆和根本原因之间的区别通常能通过理解各方面的激发和激励的"做相对于存在"来阐明。我们需要摆脱采用"处置"方法的计划和方法。恐惧、惩罚以及训导的大棒，或者奖励和报酬的好处可能在短期内起作用，但是为了保持它们的效果，我们需要不断地保持鞭打或者加甜，并改变诱因。最后鞭打会让人筋疲力尽，他们会离开。一些人会离开并找到别的工作，而许多人会默默地放弃，每天继续上班。

人们应该因为其贡献而被公平地酬谢。缺钱可能会让人失去动力,但是钱不能提供健康的、长久的动力。用钱或者相似类型的诱因得到成就的增长,只会让人们变成以自我为中心的、唯利是图的人,这些人日益与WIFM(我能得到什么好处)一致。自豪、团队合作、关心客户、共享的价值、成长和发展、激情、有意义的工作以及类似的东西逐渐消失。这些东西都变成了空话,无论何时听到这些空话,它们都会产生"窃笑因素"。

有效地激发和激励从"做"的计划,升华到家庭、社团或者组织的"存在"或者文化。这种文化是一套建立在"我们在这里做事情的方式"基础上的共享的观点和积累的习惯。这种文化提供了环境或者背景,它要么是激励人的文化,要么是让人精疲力竭的文化。

读表

你力图激励的人干劲儿如何?

能量来源

"作为一个领导者,你首要的职责是管理你自己的精力,然后帮助那些你周围的人协调干劲儿。"

——彼得·德拉科,教授和几十本经济、管理和领导方面书籍的作者

想象一下你由于严重的胃痉挛冲向急诊室,没有任何对你病史的询问、了解,或者没有关于你的症状的任何问题,以前从来没见过你的医生说"我完全知道怎么了",并开出有效的药物。

在医学领域,这种没有诊断的治疗可能被视做医疗差错。在寻找激发和激励别人的方式中也是如此。有许多互相联系的因素抑制或提高活力。我们不能真正激励别人,但是我们能营造高能的环境,显著地增强并拓展个人、团队或者组织的能量。

在许多方式中,我们领导力模型的激发和激励区是所有其他区的产物。在我们试图激发的人身上发现的干劲儿很大程度上取决于我们在别的领导力部分的有效程度。让我们依次来检查一下每一

部分。

一个男孩回到家,告诉他的爸爸学校里别的孩子一直偷他的铅笔。这位父亲跺脚,来到学校抱怨:"正是事情的原则最烦扰我,"他对老师大声叫嚷,"这不是铅笔的问题,我从工作中得到了许多铅笔。"

重点和环境

我们的梦想、价值观和目的处于我们的中心,它们也是来自于我们能量的泉源。具有强烈自我意识、清楚的方向,以及有意义的目的的个人、团队和组织精力高度充沛。模糊的重点或者不清晰的环境导致了生活的分散和能量的扩散。

选择的责任

感觉被害和无力的人没有许多精力用于变化和改善。许多团队,有时甚至是整个组织可能被受害者症候群病毒严重感染。这通常包括"责备风暴"和因为"不是我的错"而不采取行动的发展借口。改变这种境况通常从让人们理解问题及其麻痹效应开始。下一步可能包括弄清楚什么东西在我们的控制范围之外、什么在我们的控制范围以内,以及我们能影响什么。

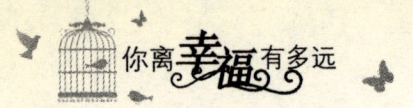

真实性

一种对诚实、正直和信任不真实的环境是消耗能量的环境。我们的"改变我以改变他们"的可靠性是保持高能环境的重要因素。它由率真和连续的反馈支持。

本杰明·迪斯雷利曾经写道:"它不是特洛伊被困的原因,不是从沙漠中派出撒拉逊人征服世界的原因,不是激发了十字军东征的原因,不是建立寺院秩序的原因;它不是产生耶稣会会士的原因;最重要的是,它不是导致法国大革命的原因。当一个人因为激情而行动的时候,以及除了被想象吸引,永远不可抗拒的时候,他才伟大。"

激情和承诺

高能的环境中充满了激情和深深的承诺。幽默和乐趣通常是这种环境中的重要部分,笑声指数高,很少有人遭受"时差反应"。

精神和意义

没有与我们更深层部分连通的、无意义的工作会消耗光能量了。在讲述技术公司洛克希德马丁如何挺过来并终于在行业不景气之后以减少50%收益的方式成功的时候,执行总裁诺曼·奥古斯丁表明了激发和激励别人中的一个重要原则："……高度的柔情最终总会获胜，付出心血、艰苦工作、眼泪和快乐的领导者，从他们的追随者身上得到的东西，比提供安全和繁荣时期的领导者得到的东西更多。当谈及穷苦的时候，人类是英勇的。"

成长和发展

当我们使个人目标与家庭、团队或者组织的目标一致时，我们开发了巨大的能源储备。这与著名的医学传教士阿尔伯特·史怀哲医生发现的康复过程是相似的："巫医成功的原因与我们其余所有人成功的原因相同，每个病人在他内心都支持他自己的医生，他们到我们这儿来是因为他们不知道真相，当我们给予每个病人心目中的医生一个机会去工作的时候，我们是最棒的。"这种一致与能源发展也来自于不断地帮助别人成长和发展。

估量你的能级

在克莱默团队中，我们设计了以下能量指数（EI），帮助领导者更深层地挖掘，并帮助发现他们试图领导的人为什么没有被激励和感觉有干劲儿的根本原因。为了进一步地激发或者激励一个团队或者组织，EI还指明了能被强化的领域。评估以5分为基础，其中1表示非常弱，5表示非常强。

自我评定是该指数的好开端，但是通过询问你正领导的团队以

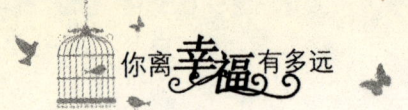

评估每个领域，会显露出最清晰的状况。将这种无畏的方法看做是领导者的标志，它是增强承诺和所有权的重要部分。

☐ 我们将变化看做是新的挑战和成长的机遇。

☐ 我们感觉满怀希望和乐观，而没有受害者症候群病毒。

☐ 我们对我们的选择负责。

☐ 我们的领导者是可靠的，提供了好的追随榜样。

☐ 我们用高度的诚实和正直管理。

☐ 我们就个人活力和行为互相给予定期的反馈。

☐ 我们对我们的事业有深深的激情和承诺。

☐ 我们以我们的工作为傲，并从我们的工作中得到快乐。

☐ 我们能够面对挫折和失败。

☐ 我们是有自我约束力的。

☐ 我们的工作是有意义的，并产生了影响。

☐ 我们定期花时间学习和改进。

☐ 我们的领导者是高效的教练，他们帮助我们发展。

☐ 我们不使用威胁、恐吓或者惩罚。

☐ 奖励被用来肯定和分享成功，而不是作为诱因来操纵业绩。

☐ 我们的领导者具有强大的口头沟通技巧。

☐ 我们的团队有许多合作伙伴和牢固的关系。

☐ 我们经常承认、赏识并庆祝我们的小胜利和重大成功。

☐ 我们超越我们当前问题的"现实成规"，专注于可能是什么。

☐ 我们对我们喜爱的将来（愿景）有坚定而清晰的描绘。

☐ 我们有三个或者四个引导我们行为的原则（核心价值观）。

☐ 我们有强烈的目的意识。

85 分以上：团体可能非常有干劲儿。**60~84 分**：干劲儿不是非常强。如果团队或者组织打算增强其能量和活力，那么需要设法解决得分最低的区域。**59 分或 59 分以下**：团队或者组织中可能有严重的士气或者动力问题，这是根深蒂固的问题，不能很快或者很容易地解决。增加能级要有条不紊地从解决得分最低的区域开始。

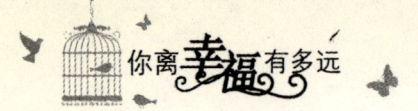

情商,而不是智商

心灵比头脑能更多地激起活力。

情感智力

"正是用心灵,人们才看得清楚。重要的东西眼睛是看不见的。"

——安东尼·德·圣埃克苏佩里,《小王子》

我们的社会钦佩力量和权力。从早期的古代奥运会开始,我们就已经有力量、体力、速度和诸如此类东西的比赛。我们已经用相同的方式接近脑力或者智能。

我们用回忆、推理或者远非我们自己能力所及的复杂问题解决能力来敬畏智力巨人。智商测试被开发用来估量人们是否智力强或者智力弱。我们开始相信非常聪明的人能成为最好的教授、医生、经理、科学家等等。许多人认为高智商和高水平的成功与幸福共存。

但是许多智力巨人是情感的矮子。我们所有人都知道能够在我们周围的精神围城上奔跑的人都是平凡的人,他们的生活一团糟。许多人不甘心容忍愚妄的人,他们的尖酸才智和辛辣讽刺通常表现了一种傲慢、优越的态度,这种态度激起了不满,降低了合作。这通常导致关系、组织或者家庭的严重损坏。

我们知道相比于强大的精神，有更多的东西通往成功的人生，我们还需要一颗坚定的心。智力只是等式的一部分，我们还需要处理如情感因素——我们自己和别人身上的博爱、仁慈。

围绕着被称为"情感智力"的东西，出现了一个激动人心的新研究领域。许多书籍、研究和情商测试机构在活动领域激增。心理学家、作家和《纽约时报》的记者丹尼尔·高尔曼用其国际畅销书《情感智力：它为什么比智商更加重要》展开活动。

这里是一些高尔曼视为有助于情感智力的因素："例如能够激励自己并坚持面对挫折，能克制冲动并延迟满足，能调节自己的情绪并不让苦恼纠结以致不知所措，能产生同情心和希望的能力。"

这是个人效率的杰出释义，也是我们在本书中一直讨论的许多重要领导原理的非常恰当的概括。在一次领导力发展讨论会上，我曾经引入了高尔曼的释义。讨论会的其中一个参与者是一个运动心理学家，他帮助奥林匹克运动员改善他们的心理状况，他立即用言论对我的引用做出反应，说它是世界级运动员的恰当释义。

正如棒球运动传奇人物约吉·贝拉所说："任何运动的成功是90%的身体技能，而另一部分是心理技能（没有人曾经因他是智力巨人而指责约吉，也没有什么人因他是数学家而指责他，只因为他懂得将我们的双手和头脑与我们的心灵结合起来）。"

一本精心研究的《情感智力：它为什么比智商更加重要》，将我们持的态度和我们具有的才能，用科学研究的手段结合在一起，准确地诠释出态度高于才能的情感智力。高尔曼的研究让我们得出结

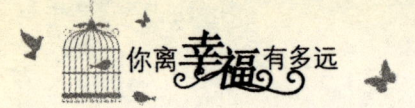

论："智商最多对决定人生成功的因素贡献20%左右，别的力量贡献80%。"根据情商研究者和作家罗伯特·库伯以及艾曼·萨瓦夫的研究，这是非常保守的。在他们的书《领导层情商：领导力和组织中的情感智力》中，他们写到："智商可能与低至4%的现实世界成功相关，90%以上的成功可能与别的形式的智力相关……正是情商，而不单单是智商或者原始脑力，为许多最佳的决定、最有活力和最盈利的组织，以及最令人满意和成功的生活打下了基础。"

远大前程

领导者用乐观激励别人,鼓励他们看到事物可能成为的样子。

希望之光依稀可见

"如果你问人们他们想要得到领导者身上的什么东西,他们通常会列举出三样东西:方向或者愿景、可靠性以及乐观。如同高效的父母、恋人、老师和治疗专家一样,优秀的领导者让人们充满希望。"

——沃伦·本尼斯,《一种新创的生活:反思领导力和变化》

某人曾经对电视牧师罗伯特·舒勒说:"我希望你活着看到你所有的梦想得以实现。"

舒勒回答:"我不希望,因为如果我活着,而我所有的梦想都实现了,那么其实我死了。正是未实现的梦想使你一直活着。"

希望是人类迄今所知的最强大的能量来源之一,没有希望,我们从生存退步到仅仅存在。希望给我们的心灵充电,并将我们向前引导到更美好的明天。希望帮助我们越过问题看到潜力,希望给予生活意义,希望帮助我们对我们的选择负责,希望让我们舒展,并不断激励我们成长和发展,希望鼓励我们克服逆境,做每个人知道不能做的事情。

第八章 在运动中投入激情

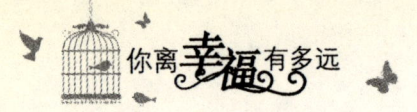

文明史上记录的所有伟大成就和微小胜利都以希望——某人心中的梦想开始。一句古代中国谚语教导我们:"幸福就是有人爱,有事做,有期待。"

短语"空指望"确实是一种自相矛盾的说法。希望可能是无法实现的,但是它不能是伪造的。如果希望让我再尝试一次,再努力一次,多活出自己一点,多一点清晰的梦想,或者让我的期望更高一点,那么它能是伪造的吗?显然不是。

但是在绝望、消极以及无助的感情面前,充满希望是艰难的。反映负面环境和成为悲观主义者更加容易,放弃希望而成为受害者不需要多少努力,然后我们认为这是别人的错。不需要多少勇气成为愤世嫉俗者,这些愤世嫉俗者只看到他们想要看到事物的样子,而不是它们可能成为的样子。

19世纪美国废除主义者亨利·沃德·比彻,将悲观主义者或者愤世嫉俗者的意志薄弱定义为:"一个从来没有在人类身上看到良好品质,而只看到差品质的人。他是人类的猫头鹰,在黑暗中警惕,而对光视而不见,窥探害鸟,而从来没有看到好的猎物。愤世嫉俗者将所有的人类活动分为两等:公开的坏和秘密的坏。"

领导者带来希望,这并不是指戴上乐观的眼镜,在快乐的面孔上画画,通过喋喋不休地说关于积极想法的陈词滥调逃避问题。高效的领导者通过将他们的注意力集中在可能发生的事情上,帮助别人处理当前问题的现实。他们将可能是什么的梦想当做磁铁,向前吸引每个人。

高度活跃的人文精神充满希望和乐观,它是激励人们让不大可能成为可能的动力,是领导者关爱人、尊重人的风向标。

让我们交谈

令人信服的交流对激发和激励别人是至关重要的。

言语价值

"只会思考而不会表达的人,与不会思考的人没什么两样。"

——伯里克利,公元前450年雅典领导者

隆冬,在非常寒冷的寒流中,当我们接近起飞时间的时候,通过飞机外所有的活动判断,我们不太可能准时离开。几分钟后机长宣布:"在我们的左翼上你能看到许多活动,这是一个设法更换故障燃油泵的维修队,我们发现在我们升空之前像那样在地面上解决问题是最好的。好消息是机场里有另一个燃油泵可用,坏消息是更换燃油泵会延迟出发约30分钟。"

在10分钟内机长发出另一个通知:"各位,你们能够看到右边的小搬运车载着我们的燃油泵来了,不幸的是,这是只能脱掉手套完成的工作,在这么严寒的天气里手指上沾着喷漆燃料工作是极其困难的,花费的时间比预期的时间更长。"我们开始为那些热诚的英雄们为了让我们出发而在这么艰苦的条件下工作感到抱歉!

机长每10~15分钟继续为我们提供最新进展。当他宣布问题解决了，在晚了约90分钟后，我们终于能出发了时，乘客中响起了一阵欢呼。

虽然晚点了，可是我确定我的同机乘客之间没有一句怨言，因为机长像成人顾客一样对待我们，而不是像对待全然不需要知道怎么了的"后面的牲口"一样对待我们。

交流是领导者的重要标志之一。如同激励一样，它也是一个被滥用和被误解的词。例如，许多团体或者组织中通常被称为"交流问题"的东西是过程、系统或者体系的真正问题。人们不交流，因为他们组织的方式没有让他们有效地交流。

我们的沟通实力在某种程度上来源于我们的个人价值观。航空公司机长从我们足够重要和对我们被告知的怎么样了的足够负责的价值观出发，与我们交流，即使我们被告知的消息是坏的。

如果我们的价值观包括优越于别人的意识，那么我们不会烦于与"苦工"交流。如果我们是傲慢的，那么我们可能将我的高声的、单向号角称为"交流"。如果我们鄙视别人，那么我们的语调唯一激起的东西就是愤恨、敌意或者防卫。

如果我们将别的部门中的客户、供应商或者组织成员看做障碍或者对手，而不是看做人，那么我们将用最小的努力将他们忽视掉。如果我们是猜疑和不信任的，我们会在"需要知道"的基础上将信息分成小部分。如果我们认为所有的 EQ（情感智力）研究都是废物，那么我们不会费心去发展我们的口头沟通技巧。

除少数例外，高效的领导者一般都具有非常强大的口头（以及书面）沟通技巧与人们沟通。因为领导力涉及情感、干劲和精神，口头沟通技巧在动员和激励中有巨大作用。

不管愿景、根深蒂固的原理或者目的可能多么"正确"，如果它们不能被有效地表达出来，它们都不会调动别人。也就是说，要超越无味的逻辑，枯燥印刷的言论或者演讲，用无聊的老教授给一群同样无聊的年轻学生讲同样古老的课的所有激情阅读，是行不通的。

高效的领导者将他们的精力和激情传达给他们试图用言语动员的人，这些言语描绘了令人兴奋的景色，听起来真实、激起想象力，或者触及灵魂。这样的领导者，他们的言语充满了活力和魅力，让听者感动。

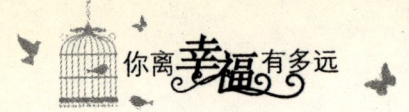

合理报酬

庆祝和赏识是一种有效的能量来源。

感恩

"我们相信报酬完成的东西。
我们永远不能支付人足够的东西来关心——
关心他们的产品、服务、社团或者家庭，
或者甚至关心他们的底线。
忠诚的领导者利用人们的心灵和头脑，
而不仅仅是他们的双手和钱包。"

——詹姆斯·M·库泽斯和贝瑞·Z·波斯纳，
《领导力挑战：如何在组织中保持完成非凡的事情》

阿登·巴克种了50英亩小麦，现在这些小麦变成了金黄色，非常饱满，准备收割了。这是触动任何农民心灵的景象。当他的叔叔哈里来拜访时，阿登自豪地带他出来看小麦地。哈里环顾四周，将他的手放在眼睛上方，窥探远方，注视着一块巨石，它太大了，在土地中间移动不了。他问："那是山上的石头吗？"他没有对麦地说什么，阿登被他缺乏热情的表现伤害了。

从那儿以后，哈里叔叔事件变成了许多巴克家人就餐时讨论的

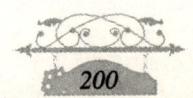

主题。几年之后,他们女儿布伦达刚修剪并修饰完家中的巨大草坪。阿登回到家,透过厨房的窗户检查她的工作。

他指出:"你忽略了树下面的一小块草坪。"布伦达走近他,一只手臂绕着他的腰,另一只手放在眼睛上方,看向远方,问:"那是山上的石头吗?"

保罗认为他没有做得很好,因为他从来没有得到任何反馈信息,他的老板似乎一直对他的工作不满意。因此他开始寻找另一份工作。当他即将离开的时候,公司举行了一次大会,保罗因为其杰出的贡献被赠予了一支金笔,并被给予荣誉。在"做它的赏识事情"之后,第二天保罗的老板直接回到像对待一件家具一样对待他的状态。保罗更加努力地寻找另一份工作,几个月之后,他去了另外一家公司,这家公司的老板一年不只是一次或者两次,来表示他们的赏识。

高效的领导者通过注意并欣赏小麦地,而不是石头来激励别人,他们感谢、感激、赏识并庆祝成就。

我们所有人从诚挚的赏识和真诚的欣赏中汲取能量。它如同温暖的光线。另一方面,我们所有人了解(并害怕)强迫性评论家,他们随身携带巨大的放大镜,近距离地仔细看每个人的缺点。他们似乎认为他们生命的使命是忽视金黄色的小麦地,指出山上的石头。作为老板,他们的态度是"你的报酬是为了保有你的工作的利益收获。"作为配偶,他们的态度是"我当然爱你,我嫁给你,不是吗?"作为父母,他们的态度是"你做得很好,因为你没被惩罚或者要求离开。"

我们的研究证明,46%的放弃工作的人持这样的态度,因为他们感觉不被赏识。毫无疑问,许多孩子和配偶因为同样的原因不再

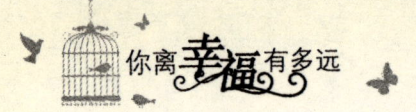

信任他们的家人。一个重要的领导力问题是，我们是营建一种"感谢你"的文化，还是营建一种"掌掴你"的文化。

小辛迪是一个7岁的乐观主义者，她提供了在生命中争取越来越大地位而同时感激我们得到的地位之间的平衡的优秀榜样。辛迪在一个校园剧中参加角色选拔，她的妈妈说她真的已经用心参加这个选拔了，但是她害怕辛迪不被选中。

在角色选定的那天，当她妈妈来接她的时候，辛迪冲到她妈妈面前，她的眼睛里闪着自豪和兴奋的光芒，她大声说："妈妈，猜猜怎么样了？我被选中来鼓掌和欢呼吧。"

将我们的积极情感或者对别人的善意与真正表达我们对他们贡献的感谢混淆太容易了。但是未表达的好感对别的任何人都毫无意义。在其他情况下，我们等待正式的肯定活动，而不是给予更常见的个人积极反馈。

我们的能级从内源和外源中充电，高度自主的人具有强大的内部资源，他们从这些资源中摄取能量。但是许多人的能力非常依赖于从他们为了指示或者支持求助的别人那里得到的反应，例如老师、父母、配偶、老板、团队成员或者同龄人。太多的人用批判、悲观和漠然消耗掉别人的能量。高效的领导者用他们的乐观、激情和赏识增加别人的能量。他们努力工作，让人们提早并频繁地尝试成功的滋味。赏识和庆祝使每个人恢复精力，并使他们渴望做更多的事情。

我们自己的成就感通常是认识的事情。我们很容易专注于我们还没有实现的东西，我们可能由于沉湎于挫折和失望中而消耗掉我们自己的能量。

大家一起来

作为一个强大团队的一部分,就应该激励这个团队中的每个成员。

参与的影响力

团队有助于普通人实现不平凡的业绩。

某人有几个儿子,他们总是互相争吵,他尝试了他可能尝试的办法,但是不能让他们和谐地生活在一起。因此他决定用下列方法使他们认识到他们的愚笨。他吩咐他们拿来一捆儿棍子,要求他们每个人依次在膝盖上折断它。所有的人都尝试了,而所有人都失败了。然后他解捆儿,一根一根地将棍子递给他们,当他们好不费劲儿地折断这些棍子的时候,他说:"瞧,孩子们,团结,你们的敌人将不是你们的对手,但是如果你们争吵和分散,那么你们的弱点会让你们任由攻击你们的人摆布。"

正如伊索寓言阐明的一样,当团结在一个强大的团队中时,即使是很弱的人也会变得强大。这是激发和激励人的最有效方式之一。团队是让人们分享和参与的重要方式,它产生高度的所有权、承诺,以及活力。

第八章 在运动中投入激情

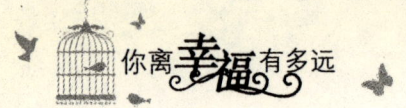

北美洲组织中无数变化和改进努力的研究已经证明质量、服务，或者产品中的主要成果是由这些成功的组织中分享和参与程度的巨大提高驱动的。

有效的团队领导者从热衷于其可能成为的团队开始发展团队，这需要集中和技能组合，这种技能组合是新的，并且对于大部分团队成员和领导者而言是困难的。

自工业时代开始以来，团队领导力一直以指挥和控制的军事模式为基础，他们用驱策和强迫他们的方式管理团体。在最好的情况下，他们得到服从和遵从。在最差的情况下，他们产生巨大的"我们／他们"隔阂，这些隔阂导致了团队或者管理冲突和许多别的问题。

☐我们为什么存在（我们的目的）？

☐我们将去哪里（我们的愿景）？

☐我们将如何一起工作（我们的价值观）？

☐我们为谁服务（内部或者外部的客户或者伙伴）？

☐我们的期望是什么？

☐我们的成就差距是什么（预期状态和我们的成就之间的差距）？

☐我们的目标和重点是什么？

☐我们的改进计划是什么？

☐我们发展所需要的技能是什么？

☐可以利用什么支持物？

☐我们如何追随我们的绩效？

□我们如何/什么时候检讨、评估、庆祝并巩固？

过去的体制、松散的目标、创造力以及参与程度最小。在过去的糟糕的日子里，老板的参与主意就如同一个孩子坐在雪橇上下坡儿，必须通过再一次让他们将雪橇拉回的方式，才能与其团体中的别人"分享"。

在团队的任务以及所有人如何一起工作以实现这些任务中，当今的高效团队具有广泛的所有制和参股人。团队成员和领导者共同对团队的效率负责，一个团队实力的最好标志之一是"我们对我"的比率。团队成员和领导者在他们的交谈中多久一次使用诸如"我们"和"我们的"之类的词代替"我"或者"自己"以及"我的"？

尽管近些年有"小组讨论"，但事实是现在很少有团队是真正的团队。大多数情况下，它们在努力中未团结，也不协调。这是一个我的公司在我们的咨询工作中一次又一次地遇到的问题。对这种团队评估和计划框架要设计成用来帮助它们聚集到一起，快速地变得有创造性，或者用来帮助现有的团队重新团结，并赋予它们新的生命和活力。

团队显露了围绕每个问题的答案和相关的活动计划。这种方法已经被证明比虚假的团队环境、户外探险或者团队动力的理论讨论有效得多。用共有的重点和采取行动让其发生的方式让团队成员聚集到一起，是一种激发和激励人的有效方式。

第八章 在运动中投入激情

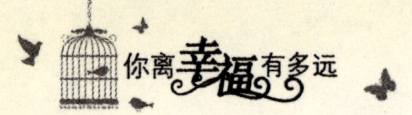

成长观点

- 有许多互相联系的因素抑制或提高能量。我们不能真正直接地激励别人，但是我们能创造优良的环境，显著地增强并拓展个人、团队或者组织的能量。

- 有效的激发和激励从"做"的计划，上升到团队、组织或者任何团体，包括家庭的"存在"或者文化。这种文化是建立在"我们在这里做事情的方式"基础上的共享的观点和积累的习惯。这种文化提供了环境或者背景，它要么是激励人的文化，要么是让人精疲力竭的文化。

- 我们用我们的智力或者智商管理头脑，我们用我们的情感或者情商（EQ）引领心灵。在预测个人或者组织的成功时，情商比智商更加重要。

- 希望是人类迄今所知的能量的最强大来源之一。高效的领导者通过将他们的注意力集中在可能发生的事情上，帮助别人处理当前问题的现实。

- 高效的领导者具有非常强大的口头（以及书面）沟通技巧。他们将他们的精力和激情传达给他们试图用言语动员的人，这些言语描绘了令人兴奋的景色，听起来真实、激起想象力，或者触及灵魂。

- 领导者用他们的乐观、激情和赏识增加别人的干劲儿。他们感谢、感激、赏识、庆祝并努力工作，让人们提早并频繁地尝试成功的滋味儿。这让每个人恢复精力，并使他们渴望做更多的事情。

- 团队是让人们分享和参与的重要方式，它产生高度的所有权、承诺，以及活力。团队成员和领导者共同对团队的效率负责，一个团队实力的最好标志之一是"我们对我"的比率。

# 后 记

行动起来

何时是开始我们领导力发展之旅的最好时机?
今天如何?

为它成长

"为了先生有一个亲密的同伴,
它的名字叫没有做。
你曾经有没有碰巧遇到过它们呢?
它们曾经拜访过你吗?
这两个家伙一起生活在永远不会赢的房子里,
并且我被告知
本可能实现的事情的幽灵经常在这个房子里出没。"

——威廉·J·贝内特,《美德书》

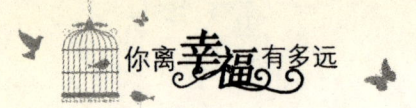

一个经常发生的噩梦折磨着彼得重新检查并改变他漫无目的、漂泊的生命历程,在他的恶梦中,他站在一个严厉的法官和反对的陪审团面前,法官站在高台前俯身刺耳地对彼得咆哮:"你被指控浪费你的生命,你如何申诉?"

彼得被阻止从审判室逃走,他最终被迫低声说:"罪过。"他似乎准备说更多,然后站着陷入沉思。

审判室墙上的挂钟不断地滴答作响,彼得慢慢地开始说:"我一直一片好心,我只是从来没有设法将它们转化为行动。总是有明天。但是明天永远不会来,时间超速流逝。我花光了时间,我想,在所有的事情被说和被做之后,许多事情已经不必多言,但是只有少数事情被完成了。"

回顾过去,我们所有人都能指出我们的生命中被浪费的时间。有时候,这些时间是行动中的间歇;在再一次尝试之前,可能它又重新组合和做出另外一种决定的时间了。危险的是,休息时间正好变成了打断时间。

如果我们没有不断地成长、改变和发展,那么宝贵的生命就被浪费了。正如美国作家阿尔伯特·哈伯德警告的一样:"永远愚昧的秘方是对你的观点感到满意,并满足于你的知识。"

"假如有一家银行,

每天早晨为你的账户存入86400美元,

日复一日地没有余额留存,

每天晚上,凡是你白天没有用完的余额部分都将一笔勾销你会做什么呢？

当然是取出每一分钱了！

我们每个人都有一个这样的银行，它的名字叫时间。

每天早晨，它在你的账户里存入86400秒钟，

一到夜晚，时间记数将全部归零，只要你没能将全部时间投入到你的美好追求中去，无论剩下多少都记入损失，

它从不延缓进出平衡，

也不允许透支，

每天它为你开一个新户头，

每晚它用光白天的存款，

损失是你自己的，

不可能回到过去，

也不可能从"明天"预支，

你必须以今天的存款为基础生活在现在。

请把你的时间投资，以最大限度地得到健康、幸福和成功。

时钟仍在走动，充分利用好今天，

珍惜你所拥有的每一刻，

并切记时不我待。

昨天已成历史，明天依然是谜，

今天是珍贵的礼物，

这就是为什么它被称为"当下"的原因。"

——佚名

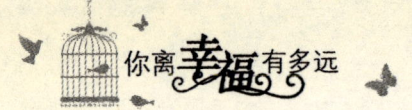

检查进步

"成功不是由于我们走了多远估量的,
而是由我们从我们开始的地方行走的距离估量的。
我正在增长距离吗?
爬过一座山之后,你会发现还有更多的山等着你去攀爬,
我已经在这里休息了一会儿,偷看一眼身边的美好风景,
回顾一下自己所走过的路,
但是我只能稍作停留,因为自由带来责任,
并且我不敢逗留,因为漫长的旅途还未到尽头。"

——纳尔逊·曼德拉,《漫漫自由路》

为了了解我是否正增长距离,我需要能够回答三个基本问题:

1. 我想去哪里?
2. 我现在在哪里?
3. 为了改变或者提高以弥补差距,我需要什么?

让我们简要重述如何找到答案。

问题 1——

我想去哪里?

许多人知道他们不想要的东西,很少有人知道他们真正想要的东西。

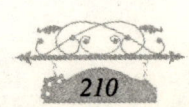

孔子曰："人无远虑，必有近忧。"没有为了遥远的梦想投资我们首选的未来和稳定的工作，是"突如其来的变化"让这么多人吃惊的一个原因。当我们没有专注于我们最终想要实现的东西的时候，由此产生的危机可能尤其具有毁灭性。

理解我们想要去哪里需要许多努力和不断地工作，它被我们相信的东西和我们存在的原因掩盖了。这就是愿景、价值观和目的组成互相联系的重点和环境的原因，重点和环境处于我们的中心。我希望此书让你更加接近这些核心问题的答案，更近地确定你生命旅程这个阶段的距离。

如果你想要关于重点和环境的更进一步的"如何"步骤和观点，见我之前的书《成就之路》第7章到第9章，你将找到许多指示和建议（"通路和陷阱"）。

问题2——

我现在在哪里？

理解我现在在哪里也是一个大的挑战。它需要勇气和诚实来直面我的优势和我的弱点、我的成功和我的失败。它意味着我需要将内心的想法和外部的反馈结合起来。这是不容易的。而成为受害者或因现在我在生命中的何处而责备别人则要容易得多。

生命就是变化

德克生气地对新闻主播喊道："我讨厌所有的变化，为什么事情就不能保持原样呢？"他朝电视屏幕仍了一个枕头，然后气愤地哼了

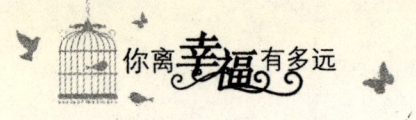

一声离开了。

突然，房间的角落里传来嘶嘶的响声，绿色的闪闪发光的薄雾弥漫在空气中。当一个一英尺高、满脸皱纹的老人从鲜艳的云雾中出现的时候，德克震惊地站着。这个身材矮小、头发斑白的男人有长长的松散的白胡须，从头到脚都穿着绿色的衣服。在咧嘴一笑时，他的眼睛闪烁着狡黠的光辉："你好，我是迈克。我能带你去一个不需要处理变化的、事情一直保持原样的地方。"

在德克开口之前，这个小矮子从他的内衣口袋里抓出一把闪闪发光的绿色灰尘，他把这些粉末扔向德克。德克的耳朵里全是嘶嘶的响声，被绿色的、闪烁的雾淹没了。在仍然不能够看透翠绿色的阴霾时，他听到迈克说："我们到了，这里就是事情一直保持原样和人们不必处理变化的地方。"

矮人吹散了薄雾，他们站在葱翠的绿色的被精心修剪的墓地草坪上。干净的、擦亮的墓碑一望无际。

……（后面待续）

正如意大利作家乌戈·贝蒂所述："这种自由意志交易有点可怕，它几乎是愉快地服从，并充分利用它。"

自欺欺人，相信我比我实际走的路走得更远更加容易。我希望《你离幸福有多远》已经帮助了你提高你的个人估价，并增强了你现在在哪里的意识。

问题3——

为了改变或者提高以弥补差距，我需要什么？

"不要哭泣世界的变化。如果世界保持稳定，不变的稳定，那么这是真正要哭泣的原因。"

——威廉·卡伦·布莱恩特，19世纪美国诗人和评论家

正如我在第一章（"领导者之路"）中指出的一样，我们不能控制变化。历史证明，我们不需要比老苏维埃联盟的解体看得更远，苏维埃联盟的解体可能是20世纪的一次最大的"变化控制"失败。由于高度集中的规划，苏共中央政治局试图控制整个联盟的生活，很少有事务和活动不在官方规划中，官僚组织通常也试图做同样的事情。就连许多稳定的、缓慢成长的个人也是如此。我们需要警惕我们的死板想法和"态度的硬化"。

我们周围的世界变化越快，我们就因为停滞不前而落后越多。如果外部变化的速度超过了我们内心成长的速度，正如晦往明来一样，我们将无疑地被改变。对于变化盲人而言，由于他们受阻碍的成长，这些变化会很突然，并且看上去"完全出乎意料"地发生。

在跳到墓碑顶上的时候，老矮人轻声笑着说："生命是变化的，这是自然的有力法则之一，很久很久以前我就已经与我的老朋友赫拉克利特谈过这个了，并告诉他变化是唯一永存的东西。"

矮人开玩笑地扮鬼脸："当然，他因为说这些而得到赞誉。"

他继续说："不管怎样，它是一个永恒的准则，没有变化和成长的人不是活的，成长是自然的生命特征之一，一旦你停止变化和成长，你最好检查你的脉搏。"

变化推动选择。如果我们在成长，我们将接受许多变化，并找到它们中积极的地方。这一切都处于我们选择将我们的注意力放置的地方中。即使像大危机一样袭击我们头部两侧的变化，可能也充

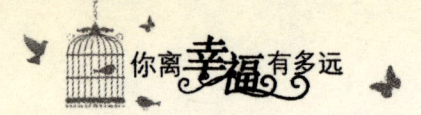

满了成长机遇——如果我们期待它们的话。我希望《你离幸福有多远》帮助你进一步走向接受变化,并在变化中茁壮成长。

我们并不总是去选择进入我们生活的变化,但是我们选择如何去回应。

在我的研讨会和演说中,当与感觉被消极、不必要的变化包围的人一起工作时,我通常举一些做出选择的永恒重要性的突出例子。显而易见,三分之二标志中的性格优势被错误地认为是无知、灾难和危险。而性格劣势被认为是机遇、更新和再生(据我所知可能是许多咒骂,这种解释已经被许多能够阅读中文的人证实了)。

许多成功地渡过了严重危机的人或者组织,至少那些屈服于绝望和受害者症候群黑暗力量的人多年后回首看并指出了作为一个重大转折点的事件。大部分人宁愿不再经受那种痛苦,但是它是他们成长的一个重要部分。

危机可能是让我们变弱并毁灭我们的危险物,或者危机可能是成长的机遇。选择在于我们,不管我们选择哪一个,对于危机我们都是正确的。我们让它成为我们的现实。

变化是生活。成功地处理变化意味着选择不断地成长和发展。没有变化就是没有活着。

那样并不会扼杀我们

"我们每个人必须沿着我们自己通向个人成长的路途奋斗，
虽然努力有时候是痛苦的，
但是它让我们更加强大。
个人途径，
精神成长的过程是一个需要努力的、艰难的过程。
这是因为它是抵抗自然抗力、
抵抗保持事物不变、
坚持做事情的旧计划和旧方式、
走捷径的自然倾向的进行的。"

——M. 斯科特·派克，《少有人走的路》

在《你离幸福有多远》全书中，我强调了我们所有人需要成为领导者。个人、事业和家庭的成功是强大的领导力的结果。领导力是一种行动，不是一种地位，这是一种存在的方式，这种方式是由内向外移动引导我们做事情的方式。

在连续的个人成长中发现了由内向外领导力的一个永恒的准则。当前美国最高法院助理法官小奥利弗·温德尔·霍姆斯在92岁被送进医院时，总统罗斯福来拜访他。他发现霍姆斯在看希腊语入门书，总统问："你为什么读这个？"伟大的法官回答："为什么，总统先

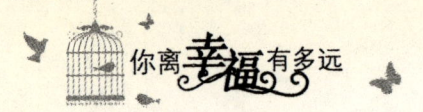

生,是为了改进我的思想。"

不断的个人成长意味着我们通常不再需要我们自己的标准,这些标准我们之前认为是可以接受的。一个乏味的作家曾经对19世纪《亚特兰大月刊》的主编威廉·迪恩·豪威尔(他鼓励了很多作家,包括马克·吐温和亨利·詹姆斯)抱怨:"我似乎写得没有我以前写的那么好了。"

豪威尔使他恢复信心:"哦,是的,确实,这是你的品位提高了。"

我们需要找到行动——深思、交流、参与学习事件、培训、讨论、承担新的任务和责任、实验或者诸如此类行动的恰当组合来保持我们发展和成长。

阅读是拓展我们的思想和保持成长的有效方式。不是所有的研究者都是领导者,但是大部分毕生的领导者是热心的研究者。一次盖诺普民意测验发现高收入人群每年平均阅读19本书,与普通人群每年平均阅读1.9本书相比,有10倍的差距!

查尔斯·威廉·艾略特担任19世纪期间哈佛大学的校长,关于书籍,他说:"'它们'是最安静最忠诚的朋友,'它们'是最平易近人、最聪明的顾问,以及最耐心的老师。"

18世纪作家,理查德·斯蒂尔先生断言:"读书之于心灵,犹如运动之于身体。"我热烈赞同。当然,作为一个作家,我承认对这个话题有点偏见。

飞蛾

"一个人发现了天蚕蛾的茧,他将它带回家,以便于他可以观察飞蛾从蝶茧中出来。那天出现了一个小口,在飞蛾挣扎着从小洞中挤出身体的时候,他坐着观察了飞蛾几个小时。

然后似乎停止了进展,它似乎已经尽了最大的努力,不可能再有新的进展了。它似乎被卡住了。

然后这个人出于善意,决定帮助飞蛾,因此他拿出一把剪刀,将蛾茧的其余部分剪掉。飞蛾轻易从茧中出来了。但是飞蛾的身体肿胀着,翅膀又小又皱。

这个人开始继续观察飞蛾,因为他希望飞蛾的翅膀能随时张开,并扩大到能够支撑身体,肿胀的身体也会及时收缩。

这个人虽然出于善意和急切,却不明白束缚的茧和挣扎对蛾的重要性。通过那个狭小的口子,才能促成飞蛾体内的液体流入翅膀,这样才能为飞蛾从茧中获得自由、获得飞行做好准备。

自由和飞翔只能靠努力奋斗才能获得。

剥夺飞蛾奋斗的权利,也就夺走了飞蛾的健康。有时候,在生活中我们需要的正是奋斗。如果我们一生之中没有任何障碍,那将会使我们瘫痪。我们就不会像自己原本可以的那样强壮。"

——佚名

不断的学习、成长和发展帮助我们站到我们每个人自己的独特的路径上,做事情的方式——无论是操作机器,使用软件程序,与

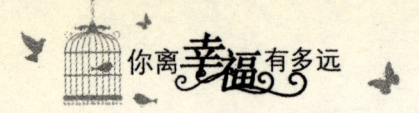

客户打交道,管理工序,做饭,还是解决冲突——都取决于工具和技术。但是没有适合于存在方式的工具或者技巧。我们所有人需要保持寻找、增长和发展这些方法,这些方法忠实于内心的自我,并将我们带到我们想要去的地方。

没有简单快捷的领导力发展公式。在诗人大卫·怀特的《骚动的心》中,他阐述了找到我们自己的方式可能多么难:"根据我的经验,我们对我们的天赋越忠诚,我们外部的保证或者开始时的帮助就越少,我们在路途上的时间越长,这个过程的第一阶段中的沉默就越深。

追随我们的路途实际上是一种离开路途、穿过开阔的田野的方法,当我们离开,很少有支持的声音,到荒地中独自野营的时候,有一个确定的初期阶段。在那里,我们必须在沉默中建造一个壁炉,收集细枝,并为我们自己的热情之火撞击火石。如果我们能看到为我们铺好的路,那么有一个好的机会,它不在我们的路途上,它可能是别人的机会,我们已经替换为我们自己的机会。我们自己的路必须破译这种方式的每一步。"

没有任何借口

"思考得到成功,

召唤使人行动,

不像鹦鹉说得多,飞得少,

因为,成功需要思考和行动。"

——威尔伯·怀特,美国航空事业先驱

为什么一些人没有增长距离?

一些人失败是因为他们做了,但是没有思考。他们像亢进的企业家一样,闯进旅行社代理人的办公室,迫切需要一张票。代理人问:"你想去哪里?"他上气不接下气地回嘴:"我不在乎,只要给我一张票就行了!我到处做生意!"由于行动只与其"最弱的想法"一样强大,我希望《你离幸福有多远》帮助你更深入地思考你想去哪里、你现在在哪里,以及你接下来需要增长什么。

另一方面,许多不成功的人思考,但是不行动。这些人知道所有的理论,他们能从领导力和个人效率书籍、杂志和演讲词选集中引用章节、诗篇、习语和故事。他们是个人成长的行走教授,但是他们的经历全是概念上的。他们理解,但是不按照他们的知识行动。他们像一个从来不曾约会的恋爱和婚姻专家。

我们正在播什么种子?

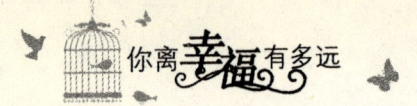

一个农民每天晚上祈祷有好的农作物,他祈求他的农作物与他邻居的一样好。在一天晚上尤其虔诚的祈祷之后,上帝终于回答了:"本来我可以给你收成,可你去年春天没有播下任何种子啊!"

现在,是时间为我们的下一次收获做准备了。我们不能等到收获时间才播下种子。我们不能一看到收获是否值得努力就达成协议播下种子。无论我们准备好了没有,收获时间都将到来,现在是时间为即将到来的收获时间播下种子了。

现在,是时间行动了,是时间从我们所在的地方前进到我们想要去的地方了,是时间为了我们遥远的梦想成长了。这需要勇气和自律。成为受害者和求助于借口——我们太老了,太迟了——要容易得多,我们已经错过了我们生命中的大机遇,或者今天的机会没有过去的那样好。

这种受害者症候群直接通向充满遗憾的地方,如果我们不小心,我们将日益变得脾气暴戾,并因为我们后悔发生的事情而抵抗变化。如果我们打算最充实地活着,那么我们需要在离开这个世界之前充分发挥作用。古往今来,无数在生命中觉醒迟的人已经证明——永远不会太晚。

还来得及,如果不是现在,那是何时?

毅力

"除非我们先成为播种者,
用眼泪灌溉我们的耕地,
否则我们不可期望成为收割者,

将成熟金黄的谷物收集起来，
这不仅仅是因为我们需要它，
我们的这个神秘世界，
在我们让它成为荆棘或者鲜花的收获的时候，
生命之田将产出我们种植的东西。

——约翰·沃尔夫冈·冯·歌德

让我们保持联系

正如青蛙坐在睡莲叶子上说："当有苍蝇的时候，时间是有趣儿的。"由于您已经阅读了《你离幸福有多远》，天空可没有分成几部分，以显露出向您传达一些炫目的新见解的天使主人。即使如此，如果您发现本书某些部分或者整书是有用的，请让我和别的读者知道什么是有意义的，以及您因此所做的事情。我真的想知道《你离幸福有多远》的什么见解或者经验触动了您。请通过加入我们网站的《你离幸福有多远》专题通信服务讨论组保持联系。

同时，愿您天天保持成长。愿您永远不要封锁在"你在哪里和你想要去哪里"之间的空隙中。

愿您保持增长距离。

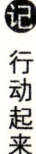

后记 行动起来